中 等 职 业 教 育 国 家 规 划 教 材
全国中等职业教育教材审定委员会审定

地 形 测 绘

（测量工程技术专业）

主　　编　戚浩平
责任主审　田青文
审　　稿　全　斌　杨　俊

中国建筑工业出版社

图书在版编目（CIP）数据

地形测绘/戚浩平主编. —北京：中国建筑工业出版
社，2003（2025.7重印）
中等职业教育国家规划教材. 测量工程技术专业
ISBN 978-7-112-05420-6

Ⅰ. 地… Ⅱ. 戚… Ⅲ. 地形测量—专业学校—教
材 Ⅳ. P217

中国版本图书馆 CIP 数据核字（2003）第 044815 号

本书为中等职业教育国家规划，根据教育部新颁教学大纲编写。全书
共十章，内容有：绪论、测量基本知识、水准测量、角度测量、距离测
量、测量误差理论基础、解析图根控制测量、大比例尺地形测图、地形绘
图、地形图的应用。

本书可供中等职业学校测量工程技术专业的学生使用，也可供相关技
术人员参考。

中 等 职 业 教 育 国 家 规 划 教 材
全国中等职业教育教材审定委员会审定

地 形 测 绘

（测量工程技术专业）

主　　编　戚浩平

责任主审　田青文

审　　稿　全 斌 杨 俊

*

中国建筑工业出版社出版、发行（北京西郊百万庄）

各地新华书店、建筑书店经销

建工社（河北）印刷有限公司印刷

*

开本：787×1092毫米　1/16　印张：12¼　字数：294千字
2003 年 7 月第一版　　2025 年 7 月第二十五次印刷
定价：**22.00** 元
ISBN 978-7-112-05420-6
（20902）

中等职业教育国家规划教材出版说明

为了贯彻《中共中央国务院关于深化教育改革全面推进素质教育的决定》精神，落实《面向21世纪教育振兴行动计划》中提出的职业教育课程改革和教材建设规划，根据教育部关于《中等职业教育国家规划教材申报、立项及管理意见》（教职成〔2001〕1号）的精神，我们组织力量对实现中等职业教育培养目标和保证基本教学规格起保障作用的德育课程、文化基础课程、专业技术基础课程和80个重点建设专业主干课程的教材进行了规划和编写，从2001年秋季开学起，国家规划教材将陆续提供给各类中等职业学校选用。

国家规划教材是根据教育部最新颁布的德育课程、文化基础课程、专业技术基础课程和80个重点建设专业主干课程的教学大纲（课程教学基本要求）编写，并经全国中等职业教育教材审定委员会审定。新教材全面贯彻素质教育思想，从社会发展对高素质劳动者和中初级专门人才需要的实际出发，注重对学生的创新精神和实践能力的培养。新教材在理论体系、组织结构和阐述方法等方面均作了一些新的尝试。新教材实行一纲多本，努力为教材选用提供比较和选择，满足不同学制、不同专业和不同办学条件的教学需要。

希望各地、各部门积极推广和选用国家规划教材，并在使用过程中，注意总结经验，及时提出修改意见和建议，使之不断完善和提高。

教育部职业教育与成人教育司

2002 年 10 月

前　言

　　本书是中等职业教育国家规划教材，是在"面向 21 世纪测量工程技术专业整体教学改革研究"成果的基础上，结合我们多年从事地形测绘教学的实践和经验，针对中等职业教育的教学特点而编写的。在编写过程中，我们增加了许多测绘新技术、新仪器、新设备的有关内容，力求使本教材成为与生产一线最贴近的一本教材。

　　本教材是中等职业学校测绘类专业的一门技术基础课程，也是初学者的入门课程，学习这门课程可以帮助学生了解测绘行业的特点、要求、工作性质以及职业特点，可以让学生学习到测绘技术的基本知识和基本技能，为学生学习专业知识和职业技能打下良好的基础。本书语言简洁，便于自学。

　　全书共十章，由戚浩平主编。参编人员有：戚浩平（第一、二、三、四章）；范国雄（第六、七章）；黄德芳（第八、十章）；王军（第五、九章）。长安大学的田青文老师为本套教材的责任主审。本书由西安科技学院的全斌老师和西安建筑科技大学的杨俊老师审稿。

　　本书在编写过程中，参考了有关兄弟院校的教材，得到了很多老师的大力支持，在此一并致谢。

　　由于编者水平所限，书中不足之处，谨请使用本书的教师与读者批评指正。

编者

4

目 录

第一章 绪 论

第一节 测量学的任务和作用

测量学是研究如何测定地面点的平面位置和高程，将地球表面的起伏形态及各种固定物体测绘成图，以及确定地球的形状和大小的科学。随着整个社会生产的发展，测绘业务逐渐专门化，测量学亦随之分出各个分支，成为各个独立学科，这些学科通常分为：

大地测量学 是研究在广大地面上建立国家大地控制网，精确地测定地球的形状和大小以及地球重力场的理论、技术和方法的学科。大地测量工作为其他测量工作提供起算数据。为空间科学技术和军事用途提供资料，并为研究地球形状、大小、地壳变形及地震预报等提供重要资料。

地形测量学 是研究测绘地形图的基本理论、技术和方法的学科。其任务是应用各种测量仪器将地球表面测绘成图。

摄影测量学 通过摄影像片，对其进行处理、量测、判释和研究，以获得物体的形状、大小和位置的模拟形式或数字形式成果的一门学科。其任务早先主要用以测绘地形图，而现在已愈来愈广泛地用于其他方面。

工程测量学 是研究工程建设勘测设计、施工和管理阶段所进行的各种测量工作的学科。其任务是在城市规划、工业设计、农田水利、交通运输、地质勘探等不同规模和要求的工程建设中，完成勘测设计、施工以及竣工后所需的各种各样的测量工作。

地图制图学 是研究地图及其制作的理论、工艺和应用的学科。其任务是利用已有的测量成果、图件，编制各种基本图和各种专业地图。完成地图复制和印刷出版工作。

上述几门学科，既自成系统，各有专务，又必须密切联系，相互配合，才能更好地为社会提供服务。

在国民经济建设中，测量技术的应用非常广泛。例如，土地规划与管理、房地产管理需要用到地形图。港口、水电站、铁路、公路、桥梁的建造，隧道的开挖，城市规划、给水排水、燃气管道等市政工程的建设，工业厂房和民用建筑的建造等等，在它们的设计阶段要测绘各种比例尺的地形图，供结构物的平面和竖向设计之用；在施工阶段，要将设计的结构物的平面位置和高程在实地标定出来，作为施工的依据；待工程完工后，还要测绘竣工图，供日后扩建、改建和维修之用；对某些重要的建筑物在建成以后需要进行变形观测，以保证建筑物的安全使用。在国防建设中，军事测量和军用地图是现代大规模、诸兵种协同作战中不可缺少的重要工具。至于远程导弹、空间武器、人造卫星或航天器的发射，要保证它精确入轨，随时校正轨道和命中目标，除了应测出发射点和目标点的精确坐标、方位、距离外，还必须掌握地球形状和大小的精确数据，以及有关地域的重力场资料。总之，几乎在国民经济建设和国防建设的每一个项目中，都需要不同的测绘学科为其损供测绘保障。

第二节 测量学的发展

测量学是一门历史悠久的科学，早在几千年前，由于当时社会生产发展的需要，中国、埃及、希腊等古代国家的人民就开始创造与运用了测量工具进行测量。在远古时代我国就发明了指南针，以后又创制了浑天仪等测量仪器，并绘制了相当精确的全国地图。指南针于中世纪由阿拉伯人传到欧洲，以后在全世界得到广泛应用，到今天仍然是利用地磁测定方位的简便测量工具。我国古代劳动人民为测量学的发展作出了宝贵的贡献。

测量学最早用于土地整理，随着社会生产的发展，逐渐应用到社会的许多生产部门。17 世纪发明望远镜后，人们利用光学仪器进行测量，使测量科学迈进了一大步。自 19 世纪末发展了航空摄影测量后，又使测量学增添了新的内容。随着现代光学及电子学理论在测量中的应用，创造了一系列激光、红外光、微波测距、测高、准直和定位的仪器。而惯性理论在测量学中的应用，又创制了陀螺定向、定位仪器。这些先进仪器的应用，大大改进了测量手段，提高了测量精度和速度。从 20 个世纪 60 年代以来，由于电子计算技术的飞速发展，出现了自动绘制地形图的仪器。人造地球卫星的发射以及遥感、遥测技术的发展，使得测绘工作者可以获得更加丰富的地面信息。近二十多年随着计算机科学、信息工程学、现代仪器学的迅猛发展，促使现代测绘学正在产生飞跃，它体现在现代大地测量学、摄影测量与遥感学、工程测量学、地图学与地理信息系统、海洋测量和测绘仪器等学科中出现的新理论和新方法，极大地推进了测绘专业的发展。目前，现代测量学正在努力实现"3S"结合，即 GPS（Global Positioning System）、DPS & RS（Digital Photogrammetry System and Remote Sensing）、GIS（Geographic Information System）的结合与集成。以 3S 技术为代表的测绘新技术打破了传统测绘以大地、航测、制图学科划分的界限，具有观测范围大、速度快、精度高、全天候和部分智能化的特点，而正适应了资源与环境调查、监测和自然灾害预测、预报，以及灾情调查、灾后恢复对取得信息快捷准确的要求。由于 3S 技术的发展使我们有可能对社会、经济发展领域中诸多方面进行动态监测、综合分析和模拟预测，成为人类解决全球与区域性环境与发展问题的重要手段。

中华人民共和国成立后，我国测绘事业有了很大的发展。建立和统一了全国坐标系统和高程系统；建立了遍及全国的大地控制网、国家水准网、基本重力网和卫星多普勒网；完成了国家大地网和水准网的整体平差；完成了国家基本图的测绘工作；完成了珠穆朗玛峰的平面位置和高程的测量；配合国民经济建设进行了大量的测绘工作，例如进行了南京长江大桥、葛洲坝水电站、宝山钢铁厂、北京正负电子对撞机等工程的精确放样和设备安装测量。在测绘仪器制造方面，从无到有，现在不仅能生产常规测量仪器，先进的仪器也研制成功，有的已批量生产。测绘人才培养方面，已培养出高、中级测绘人才数万名，大大地提高了我国测绘科技水平。"中国数字地球计划"或"数字中国计划"作为国家的战略计划已经提到了议事日程之中，测绘工作也已经纳入了"中国 21 世纪议程"，配合国家产业结构调整战略，测绘产业也正在进行产业结构调整，一个具有现代化的新技术结构、高效益的新产业结构、现代化的新管理体系构成的新型地理信息产业即将形成。测绘仪器集成化、测绘过程自动化、实时化、动态化，测绘成果数字化及测绘系统智能化将是未来测绘工作的美好蓝图。

习　题

1. 测量学的研究对象是什么？目前测量学分成了哪些独立学科，它们分别研究什么？
2. 地形测量学的主要任务是什么？
3. 试述测量学在我国社会主义建设中的作用。

第二章　测量基本知识

第一节　测量上常用的度量单位

要量测某量（长度、角度等）的大小，就需要有相应的度量单位。测量学中常用的是长度、角度、面积等度量单位，亦要用到重量、温度、时间等度量单位。下面分别介绍测量上常用的三种度量单位。

一、长度单位

自 1959 年起，我国规定计量制度统一采用国际单位制。国际单位制中，常用的长度单位的名称和符号如下：

基本单位为米（m），另外还有千米（km）、分米（dm）、厘米（cm）、毫米（mm）、微米（μm）等。

二、面积、体积单位

测量上的面积单位是"m^2"，大面积则用公顷或"km^2"表示。我国农业上常用市亩为面积单位。

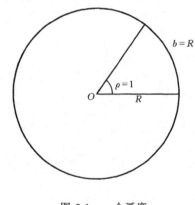

图 2-1　一个弧度

$$1 \text{ 公顷}(hm^2) = 10000m^2 = 15 \text{ 市亩}$$
$$1km^2 = 100hm^2 = 1500 \text{ 市亩}$$
$$1 \text{ 市亩} = 666.67m^2$$

体积单位为"m^3"，在工程上简称"立方"或"方"。

三、角度单位

测量上常用的角度单位有度分秒制和弧度制。

（一）度分秒制

1 圆周 $= 360°$，$1° = 60'$，$1' = 60''$

此外还有 100 等分制的新度：

1 圆周 $= 400^g$（新度），$1^g = 100^c$（新分），$1^c = 100^{cc}$（新秒）。

两者的换算公式是：1 圆周 $= 360° = 400^g$，故

$1^g = 0.9°$	$1° = 1.111^g$
$1^c = 0.54'$	$1' = 1.852^c$
$1^{cc} = 0.324''$	$1'' = 3.086^{cc}$

（二）弧度制

圆心角的弧度为该角所对弧长与半径之比。在推导测量学的公式或进行计算时，有时也用弧度来表示角度的大小，计算机运算中的角度值也往往以弧度表示，如图 2-1 所示。把弧长 b 等于半径 R 的圆弧所对圆心角称为一个弧度，以 ρ 表示。因此整个圆周角为 2π

弧度。

弧度与度分秒的关系如下：

$$\rho° = \frac{180°}{\pi} = 57.2957795° \approx 57.3°$$

$$\rho' = \frac{180°}{\pi} \times 60 = 3437.74677' \approx 3438'$$

$$\rho'' = \frac{180°}{\pi} \times 60 \times 60 = 206264.806'' \approx 206265''$$

知道了一个弧度的角度值，从而可以得到任意弧度值与其角度的关系式，即

$$\widehat{\alpha} = \frac{\alpha°}{\rho°} = \frac{\alpha'}{\rho'} = \frac{\alpha''}{\rho''}$$

在测量工作中，有时需要按圆心角 α 及半径 R 计算该角所对的弧长 L。如图 2-2 (a) 所示，已知 $\alpha = 60°$、$R = 100$m，求所对弧长 L。因为 α 角的弧度值为：

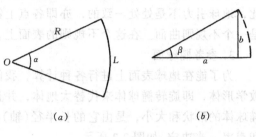

(a)　　　　　(b)

图 2-2　按半径与弧度计算弧长

$$\widehat{\alpha} = \frac{60°}{\rho°} = 1.0472$$

因此弧长：

$$L = R \cdot \alpha = 100 \times 1.0472 = 104.72\text{m}$$

有时将直角三角形中小角度 β 的对边（与该角所对弧长相差很小）按弧长计算。如图 2-2 (b) 所示，已知 $\beta = 1'30''$，边长 $a = 60$m，则与 a 边垂直的 b 边可按下式计算：

$$b = a \times \widehat{\beta} = 60 \times \frac{90''}{\rho''} = 0.026\text{m}$$

第二节　地球形状和大小的概念

所有测量工作总是在地球表面进行的，因此，必然会涉及地球的形状和大小。测绘工作者必须对地球的形状和大小具有明确的概念。

一、地球的形状

长期的测量和研究结果表明：地球是一个沿赤道稍微膨大而两极略为扁平的椭球（地球自转的结果）。现在根据卫星大地测量的资料分析，进一步确定大地体是北极地区稍许凸出（仅约 20m），而南极地区稍许凹进的略显梨形的椭球。

二、地球的表述方式

1．自然表面

地球的自然表面有海洋和陆地，是一个十分复杂的不规则表面。据推算，海洋表面约占地球表面积的 71%，而陆地约占 29%。

2．大地水准面

陆地表面虽然高低起伏，但最高的珠穆朗玛峰高出海面也不过 8848.13m，与珠峰高度相差不多的山峰也是很少的。大部分陆地比一般海平面高不了多少，所以陆地上的高低起伏差别，相对于地球体积来说是极微小的。因此，我们可以设想用一个平静平均的海洋

面来代表地球的表面。即设想一个静止在平均高度上的海洋面（即所谓平均海水面），将它扩展延伸穿过整个大陆和岛屿的下面。我们把这个由平均海水面无限延伸，且处处与重力方向垂直的封闭曲面叫大地水准面。大地水准面所包围的形体，叫做大地体，通常用大地体代表地球的一般形状。

静止的水面叫做水准面。水准面可以有无数多个，其中与平均海水面一致且包围全球的水准面也就是大地水准面。当水面静止时，其表面处处受力（重力作用）均衡，所以水准面处处与重力方向垂直。但由于地球表面起伏不平和地球内部质量分布的不均匀，因此，地球引力不是处处一致的，亦即各点上铅垂线方向有不同的变化。所以大地水准面也是一个不规则曲面。在这个不规则的表面上，是无法进行各种测量计算的。

3. 参考椭球面

为了能在地球表面上进行各种计算，我们就以一个和大地体非常接近、有规则表面的数学形体，即旋转椭球体来代替大地体，并且将它作为测量实际应用中的地球形状。旋转椭球体的形状和大小，是由它的长半径（轴）a 和短半径（轴）b 所决定的；也可由任一半径和扁率 α 来决定，如图2-3所示。

$$\alpha = \frac{a-b}{a}$$

上述半径 a、b 和扁率 α，叫做旋转椭球体元素。定位后的旋转椭球体，叫做参考椭球体。我国目前采用椭球体元素数据为：长半径 $a = 6378140$m，短半径 $b = 6356755.3$m，扁率 $\alpha = 1:298.257$。

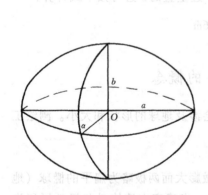

图2-3 地球形状和大小

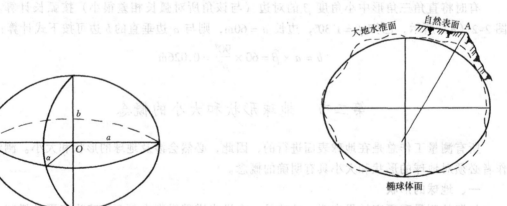

图2-4 自然表面、大地水
准面和椭球面

由上述可知，地球表面有自然表面、大地水准面和参考椭球面这样三种表述方式。三者的关系如图2-4所示。可以看出：大地水准面和参考椭球面是不一致的，有的地方大地水准面高于椭球面，有的地方则低于椭球面。但其差数最大不超过 ± 150m，在两极不超过 ± 30m。

由于参考椭球体的扁率很小（仅约 1/300），因此在某些测量计算工作中，可以近似地把地球作为圆球看待，亦能满足要求。此时，其半径 R 则采用与椭球体等体积的圆球半径，即

$$R = \sqrt[3]{b \cdot a^2}$$

第三节　地面点位的确定

测量工作的根本任务是确定地面的点位。确定地面点空间位置通常是求出该点的球面位置或投影在水平面上的平面位置（坐标）以及该点到大地水准面的铅垂距离（高程）。地面点平面位置以及高程的确定，均需根据实际情况选用合适的坐标系统和高程系统，下面分别介绍测量常用的坐标系统和高程系统。

一、地理坐标

地理坐标按坐标所依据的基准线和基准面的不同，以及求坐标方法的不同可分为天文地理坐标和大地地理坐标两种。

（一）天文地理坐标

天文地理坐标又称天文坐标，是表示地面点在大地水准面上的位置，用天文经度 λ 和天文纬度 φ 表示。

如图 2-5 所示，PP_1 为地球的自转轴（简称地轴）。P 为北极，P_1 为南极。过地面上任一点与地轴 PP_1 的平面称为该点的子午面，子午面与球面的交线称为子午线（或称经线）。F 点的天文经度 λ，是过 F 点的子午面 $PFKP_1O$ 与首子午面 $PGMP_1O$（国际公认的通过原英国格林威治天文台的子午面为计算经度的起始面）所组成的夹角（两面角），自首子午面向东或向西计算，数值为 $0° \sim 180°$，在首子午面以东者为东经，以西者为西经。同一子午面（线）上各点的经度相同。

垂直于地轴的平面与地球表面的交线称为纬线，垂直于地轴的平面并通过球心 O 与地球表面相交的纬线称为赤道。在图 2-5 中，F 点的天文纬度 φ，是 F 点的铅垂线（此铅垂线不通过球心 O）与赤道平面 $EKQO$ 之间的夹角，自赤道起向南或向北计算，数值为 $0°$ $\sim 90°$，在赤道以北为北纬，以南为南纬。

天文经度 λ 和天文纬度 φ 的值可用天文测量方法测定。例如我国首都北京中心地区的概略天文坐标为东经 $116°24'$，北纬 $39°54'$。

（二）大地地理坐标

大地地理坐标又称大地坐标，是表示地面点在旋转椭球面上的位置，用大地经度 L 和大地纬度 B 表示。F 点的大地经度 L，就是包含 F 点的子午面和首子午面所夹的两面角；F 点的大地纬度 B，就是过 F 点的法线（与旋转椭球面垂直的线）与赤道面的夹角。如上所述，仅说明了空间某点在基准面上的投影位置。除此以外，还应确定该点沿投影方向到基准面的距离。在天文坐标系中以正高，在地理坐标系中以大地高来反映这段距离。

二、平面直角坐标系

（一）高斯平面直角坐标

地理坐标对局部测量工作来说是不方便的，

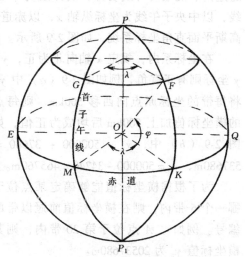

图 2-5　天文地理坐标

7

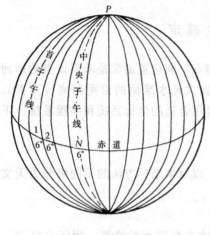

图 2-6 投影分带

测量计算最好在平面上进行。但地球是一个不可展开的曲面，把地球面上的点位化算到平面上，称为地图投影，我国是采用高斯投影的方法。

高斯投影的方法首先是将地球按经线划分成带，称为投影带，投影带是从首子午线起，每隔经度 6° 划为一带（称为 6° 带），如图 2-6 所示，自西向东将整个地球划分为 60 个带。带号从首子午线开始，用阿拉伯数字表示，位于各带中央的子午线称为该带的中央子午线（或称主子午线），如图 2-7 所示，第一个 6° 带的中央子午线的经度为 3°，任意一个带的中央子午线经度 L_0，可按下式计算

$$L_0 = 6°N - 3°$$

式中 N 为投影带号。

投影时设想取一个空心圆柱体（图 2-8）与地球椭球体的某一中央子午线相切，在球面图形与柱面图形保持等角的条件下，将球面上图形投影在圆柱面上，然后将圆柱体沿着

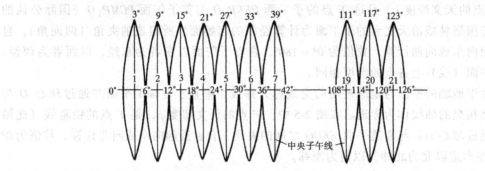

图 2-7 6°带中央子午线带号

通过南、北极的母线切开，展开成为平面。投影后，中央子午线与赤道为互相垂直的直线，以中央子午线为坐标纵轴 x，以赤道为坐标横轴 y，两轴的交点作为坐标原点，组成高斯平面直角坐标系统，如图 2-9 所示。

在坐标系内，规定 x 轴向北为正，y 轴向东为正。我国位于北半球，x 坐标值为正，y 坐标则有正有负，例如图 2-9（a）中 $y_a = +37680$m、$y_b = -34240$m，为避免出现负值，将每带的坐标原点向西移 500km，则每点的横坐标值加上 500km 后均成为正值，如图 2-9（b）中，$y_a = 500000 + 37680 = 537680$m，$y_b = 500000 - 34240 = 465760$m。

为了根据横坐标值能够确定某点位于哪一个 6° 带内，则在横坐标值前冠以带的编号。例如，A 点位于第 20 带内，则其横坐标值 y_a 为 20537680m。

高斯投影中，虽然能使球面图形的角

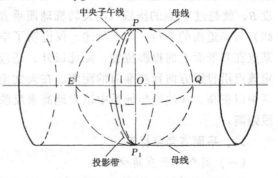

图 2-8 高斯平面直角坐标的投影

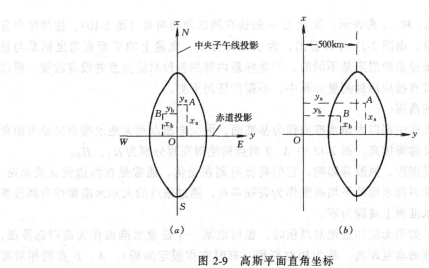

图 2-9　高斯平面直角坐标

度与平面图形的角度保持不变，但任意两点间的长度却产生变形（投影在平面上的长度大于球面长度）称为投影长度变形。离中央子午线愈远则变形愈大，变形过大对于测图和用图都是不方便的。采用 6°带投影，其边缘部分的变形能满足 1:25000 或更小比例尺测图的精度，当进行 1:10000 或更大比例尺测图时，要求投影变形更小，可采用 3°分带投影法或 1.5°分带投影法。

3°分带投影法，是从东经 1°30′起，自西向东按经差 3°分带，这样将整个地球划分为 120 个带，每带中央子午线的经度 L_0' 可按下式计算

$$L_0' = 3°n$$

式中　n 表示三度带的带号数。

（二）独立平面直角坐标系

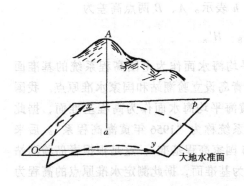

图 2-10　用平面代替曲面

图 2-11　独立平面直角坐标系

大地水准面虽是曲面，但当测量区域（如半径不大于 10km 的范围）较小时，球面近似于平面，可以用测区中心点 a 的切平面 P 来代替曲面（图 2-10），地面点在投影面上的位置就可以用平面直角坐标来确定。测量工作中采用的平面直角坐标系如图 2-11 所示。规定南北方向为纵轴，并记为 x 轴；x 轴向北为正，向南为负。以东西方向为横轴，并记为 y 轴；y 轴向东为正，向西为负，平面直角坐标系中象限按顺时针方向编号，地面上某

点 A 的位置可用 x_A 和 y_A 来表示。原点 O 一般选在测区的西南角（图2-10），使测区内各点的坐标均为正值。由图2-11可以看出，为了定向方便，测量上的平面直角坐标系与数学上对平面直角坐标系的规定是不同的，但坐标系内部的各种对应关系并没有改变，所以可将数学中的公式直接应用到测量计算中，不需作任何变更。

三、地面点的高程

在一般测量工作中都以大地水准面作为基准面，因而地面点到大地水准面的铅垂距离称为绝对高程，又称海拔高。图2-12中 A、B 两点的绝对高程分别为 H_A、H_B。

由于海水面受潮汐、风浪等影响，它的高低时刻在变化，通常是在海边设立验潮站，进行长期观测，求得海水面的平均高度作为高程零点，通过该点的大地水准面作为高程基准面，即在大地水准面上高程为零。

在局部地区，如果无法知道绝对高程时，也可以某一个任意水准面作为高程起算面，地面点到该水准面的垂直距离，称为相对高程（有时亦称假定高程）。A、B 点的相对高程分别为 H'_A、H'_B。

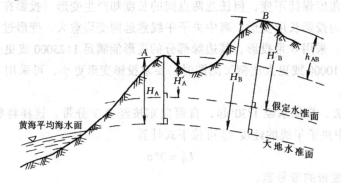

图2-12　高程和高差

地面两点间绝对或相对高程之差称为高差，用 h 表示。A、B 两点高差为

$$h_{AB} = H_B - H_A = H'_B - H'_A$$

为了统一全国的高程系统，我国采用黄海的平均海水面作为全国高程系统的基准面（大地水准面），在该面上的绝对高程为零。为此在青岛设立验潮站和国家水准原点。我国曾采用根据1950～1956年间青岛验潮站所测定的黄海平均海水面作为高程基准面，据此测定水准原点的高程为72.289m，以此建立的高程系统称为"1956年黄海高程系"。后来又积累了更多的验潮资料，自1987年起启用"1985国家高程基准"，这是根据青岛验潮站1953～1979年验潮资料确定的黄海平均海水平面作为基准面，据此测定水准原点的高程为72.260m。两种高程系统相差0.029m。

第四节　直　线　定　向

为了确定地面点平面位置，仅量得两点间水平距离是不够的，还须确定该直线的方向。在测量上，直线的方向是以该直线与基本方向线之间的夹角来确定的。直线定向也就是确定这一夹角。

一、基本方向线

1. 基本方向的种类

（1）真子午线方向　通过地球表面某点的真子午线的切线方向，称为该点的真子午线方向，可用天文观测方法或陀螺经纬仪来确定。

（2）磁子午线方向　磁针在地球磁场的作用下自由静止时所指的方向，即为磁子午线方向，可用罗盘仪测定。

（3）坐标纵轴方向　我国采用高斯平面直角坐标系，每个6°带或3°带内都以该带的中央子午线作为坐标纵轴，因此该带内的直线定向，便可以该带的坐标纵轴方向作为基本方向。坐标纵轴方向是测量工作中常用的基本方向。

2. 基本方向线之间的关系

由于地磁南北极与地球南北极不重合，因此地面上某点的磁子午线与真子午线也并不一致，它们之间的夹角称为磁偏角 δ（图 2-13），磁子午线方向偏于真子午线方向以东称东偏，偏于西称西偏，并规定东偏为正、西偏为负。磁偏角的大小随地点的不同而异，即使在同一地点，由于地球磁场经常变化，磁偏角的大小也有变化。我国境内磁偏角值在 $+6°$（西北地区）和 $-10°$（东北地区）之间。

中央子午线在高斯投影平面上为一直线，而其他子午线投影后为收敛于两极的曲线。如图 2-14 所示，过地面点 M 的真子午线方向与坐标纵轴方向之间的夹角称为子午线收敛角 γ，规定东偏（坐标纵轴方向偏于真子午线方向东侧）为正，西偏为负。某点的子午线收敛角值 ，可根据该点的高斯平面直角坐标在有关计算表中查得。

二、直线方向的表示方法

1. 方位角

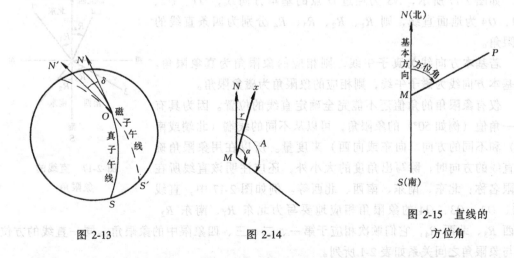

图 2-13　　　　　　　　　　图 2-14　　　　　　　　　图 2-15　直线的
方位角

如图 2-15 所示，从过直线段一端的基本方向线的北端起，以顺时针方向旋转到该直线的角度，叫做该直线的方位角。方位角的角值为 0°～360°。如同数学中所述，0°～90° 为第一象限，90°～180° 为第二象限，180°～270° 为第三象限，270°～360° 为第四象限。

直线定向时，如以真子午线为基本方向线，所得方位角叫做真方位角，一般以 A 表示。如以磁子午线为基本方向线，则所得方位角叫做磁方位角，一般以 $A_磁$ 来表示。而以坐标纵线为基本方向线所得方位角，叫做坐标方位角（有时简称方位角），通常以 α 表示。相对来说，一条直线有正、反两个方向。直线的两端可以按正、反方位角进行定向。若设定直线的正方向为 MP，则直线 MP 的方位角为正方位角，而直线 PM 的方位角就是直线 MP 的反方位角。反之，也是一样。

在测量计算中，经常有同一直线的正、反方位角相互换算问题。由于通过不在同一真子午线（或磁子午线）上的地面各点的真子午线（或磁子午线）是相互不平行的，因此，直线的真方位角或磁方位角的正、反方位角换算较复杂。但在同一平面直角坐标系中，过

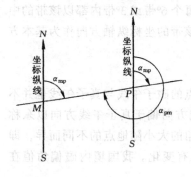

图 2-16 正反坐标方向角

各点的坐标纵线相互平行，因而直线的正反坐标方位角换算就非常方便。在图 2-16 中，直线 MP 的坐标方位角为 α_{mp}，直线 PM 的坐标方位角为 α_{pm}。不难看出，若以 α_{mp} 为直线的正坐标方位角，则 α_{pm} 为反坐标方位角，两者有如下的关系：

$$\alpha_{pm} = \alpha_{mp} + 180°$$

若 $\alpha_{mp} > 180°$，则有 $\alpha_{pm} = \alpha_{mp} - 180°$

故正、反方位角的一般关系式为

$$\alpha_{反} = \alpha_{正} \pm 180°$$

2. 象限角

对于地面直线的定向，有时也用小于 90° 的角度来确定。从过直线一端的基本方向线的北端或南端，依顺时针（或逆时针）的方向量至直线的锐角，叫做该直线的象限角，一般以 R 表示。

象限角的角值为 0°~90°。

如图 2-17 所示，NS 为经过 O 点的基本方向线，O1、O2、O3、O4 为地面直线，则 R_1、R_2、R_3、R_4 分别为四条直线的象限角。

若基本方向线为真子午线，则相应的象限角为真象限角。若基本方向线为磁子午线，则相应的象限角为磁象限角。

仅有象限角的角值还不能完全确定直线的位置。因为具有某一角值（例如 50°）的象限角，可以从不同的线端（北端或南端）和不同的方向（向东或向西）来度量。所以在用象限角确定直线的方向时，除写出角度的大小外，还应注明该直线所在象限名称：北东、南东、南西、北西等。例如图 2-17 中，直线

图 2-17 直线的象限角

O1、O2、O3、O4 的象限角相应地要写为北东 R_1、南东 R_2、南西 R_3、北西 R_4，它们顺次相应于第一、二、三、四象限中的象限角。同一直线的方位角与象限角之间关系如表 2-1 所列。

表 2-1

直线方向	由方位角求象限角	由象限角求方位角
第一象限、北东	$R_1 = A_1$	$A_1 = R_1$
第二象限、南东	$R_2 = 180° - A_2$	$A_2 = 180° - R_2$
第三象限、南西	$R_3 = A_3 - 180°$	$A_3 = 180° + R_3$
第四象限、北西	$R_4 = 360° - A_4$	$A_4 = 360° - R_4$

第五节 地形图的比例尺

地面上的各种固定物体，如房屋、道路、河流和农田等称为地物，地表面的高低起伏形态，如高山、丘陵、洼地等称为地貌。地物和地貌总称为地形。

地形图的测绘是遵循"先控制后细部"的原则进行的，即首先根据测图目的及测区的具体情况建立平面及高程控制，然后根据控制点进行地物和地貌的测绘。通过实地施测，将地面上各种地物的平面位置按一定比例，用规定的符号缩绘在图纸上，这种图称为平面图。如果既表示出各种地物，又用等高线表示出地面起伏的图，称为地形图。本节介绍有关地形图比例尺的有关知识。

一、地形图比例尺的表示方法

地形图的比例尺是图上一段直线的长度 l 与地面上相应线段的实际水平长度 L 之比。比例尺的表示方法分为数字比例尺和图示比例尺。

1. 数字比例尺

为了应用和计算方便，图的比例尺通常以分子为 1，分母为 10 的整倍数的分数形式来表示。依上述比例尺的定义，则有

$$\frac{l}{L} = \frac{1}{M} \tag{2-1}$$

式（2-1）中的 $1/M$ 就叫做数字比例尺，有 1/500、1/1000、1/2000、1/5000、1/10000、1/25000 等等，也可以写成为 1:500、1:1000、1:2000、1:5000、1:10000 等形式。比例尺的大小是以其比值的大小来比较的，分母越大，比例尺越小。

2. 图示比例尺

在测绘和使用地形图时，要进行图上长度与相应的地面长度的互相换算。如果按数字比例尺的关系进行换算就显得不方便。为此，通常采用较为简便的图示比例尺。

图示比例尺分为直线比例尺和斜线比例尺两种，如图 2-18 所示。直线比例尺的使用方法非常直观，但其小分划的零数是估读的。利用相似三角形原理制作的斜线比例尺可直接量测到 1/100 基本单位，如图中 AB 长度为 367m。

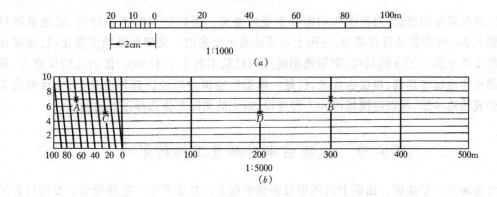

图 2-18 图示比例尺

（a）直线比例尺；（b）斜线比例尺

二、地形图按比例尺分类

通常把1:500、1:1000、1:2000、1:5000 比例尺的地形图称为大比例尺图，1:10000、1:25000、1:50000、1:100000 比例尺的地形图称为中比例尺图，1:250000、1:500000、1:1000000 比例尺的地形图为小比例尺图。

中比例尺地形图系国家的基本图，由国家测绘部门负责测绘，目前均用航空摄影测量方法成图。小比例尺地形图一般由中比例尺图缩小编绘而成。

大比例尺地形图为城市和工程建设所需要。比例尺为1:500～1:1000 的地形图一般用平板仪、经纬仪或电子速测仪等测绘；比例尺为1:2000 和 1:5000 地形图一般用更大比例尺的图缩制。大面积的大比例尺测图也可以用航空摄影测量方法成图。

三、地形图比例尺的选用

在城市和工程建设的规划、设计和施工中要用到多种不同比例尺的地形图，具体参见表 2-2 所示。

地形图比例尺的选用 表 2-2

比 例 尺	用 途
1:10000	城市总体规划、厂址选择、区域布置、方案比较
1:5000	
1:2000	城市详细规划及工程项目初步设计
1:1000	城市详细规划、工程施工设计、竣工图
1:500	

四、比例尺精度

人们用肉眼能分辨的图上最小距离为0.1mm，因此一般在图上量度或者实地测图描绘时就只能达到图上0.1mm的正确性。相当于图上0.1mm的实地水平距离称为比例尺精度。显然，比例尺越大，其比例尺精度也越高。不同比例尺图的比例尺精度见表 2-3 所示。

表 2-3

比 例 尺	1:500	1:1000	1:2000	1:5000	1:10000
比例尺精度（m）	0.05	0.1	0.2	0.5	1.0

比例尺精度的概念，对测图和用图有重要的意义。例如在1:2000测图时，实地量距只需取到0.2m，因为若量得再精细，在图上是无法表示出来的。又例如某项工程建设，要求在图上能反映地面上5cm的精度，则所选图的比例尺就不能小于1:500。图的比例尺愈大，其表示的地物地貌愈详细，精度也愈高，但是一幅图所能覆盖的地面面积也愈小，而且测绘工作量会成倍地增加，所以应按城市和工程建设、施工的实际需要选择图的比例尺。

第六节 地球曲率对测量工作的影响

水准面是一个曲面，曲面上的图形投影到平面上，总会产生一定的变形。当进行大区域、高精度测量时，应严格地基于参考椭球面进行各项计算。而在处理地形测量学中一切需要考虑地球曲率的问题时，通常可以把地球当作圆球，其精度对于实用目的是足够的。

在地形测量中，当测区面积不大时，还可以进一步把地球表面的个别部分当作平面，即将一部分水准面当作水平面，只要其产生的变形不超过测量和制图误差的允许范围，则完全是可以的。即在局部范围内，可以用水平面代替水准面。

以下讨论用水平面代替水准面对距离和高程测量的影响，以便明确可以代替的范围，或必要时加以改正。

一、地球曲率对水平距离测量的影响

如图 2-19（a）所示，设球心为 O，半径为 R 的一部分球面为水准面。过水准面上任一点 A 作水准面的切平面，该平面叫做过 A 点的水平面。水平面上过 A 点的任意直线叫做过 A 点的水平线。

在图 2-19（b）中，A、B 为水准面上的两点，AB 所对的圆心角为 θ。延长 OB 与水平面的交点为 B'。

由图可得

$$AB' = R \cdot \text{tg}\theta$$

$$\widehat{AB} = R \cdot \theta$$

则两者的长度之差为

$$\Delta S = AB' - \widehat{AB}$$
$$= R \cdot \text{tg}\theta - R \cdot \theta$$
$$= R\ (\text{tg}\theta - \theta)$$

对上式进行数学变换，并设 $\widehat{AB} = S$，最后可得

$$\Delta S = \frac{S^3}{3R^2} \tag{2-2}$$

ΔS 就是以水平面代替水准面时，长度所产生的误差。故（2-2）式即为长度误差的计算公式。若设 $R = 6371\text{km}$，则依上式可得表 2-4 所列结果。

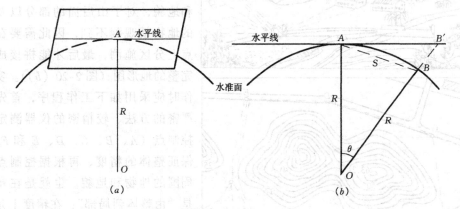

图 2-19　地球曲率对长度的影响

表 2-4

距离 S（km）	10	50	100
长度误差 ΔS（cm）	1	103	821
相对误差 $\Delta S/S$	1/1000000	1/49000	1/12000

由表 2-4 可以看出，当地球表面上长度为 10km 时，用水平面代替水准面所产生的长

度误差，小于直线长度的 1/1000000，而现代最精密的距离测量，其误差也会达到 1/1000000，所以在地形测量中，当测量面积不超过 100km² 时，一般不考虑地球弯曲对长度的影响，其原因就在这里。此外，地球弯曲对角度测量的影响在 100km² 范围内最大不超 0.5″，这在地形测量中也是可以略而不计的。

二、地球曲率对高差测量的影响

由图 2-19 可知，以平面代替水准面时，水准面上 B 点上升到水平面上 B′ 处。BB′ 即为地球曲率对高程的影响，通常叫做球差。由图 2-19 及几何学可得

$$\angle B'AB = \frac{1}{2}\theta$$

因在不大的范围内，θ 角甚小，故可将 BB′ 视为弧长，则有

$$BB' = \frac{1}{2}\theta \cdot S = \frac{1}{2}\frac{S^2}{R} \tag{2-3}$$

当 S = 1000m，R 按 6371km 计，则按上式可得 BB′ = 0.078m。在以毫米或厘米计算的高程测量中，这是个不小的数字。所以说以水平面代替水准面时，地球曲率对高程的影响即使只有几百米距离，也是需要予以考虑的。

第七节　测量工作的基本原则和工作程序

一、测量工作的基本原则

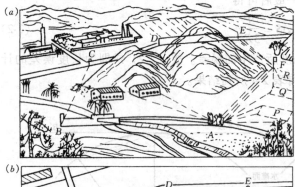

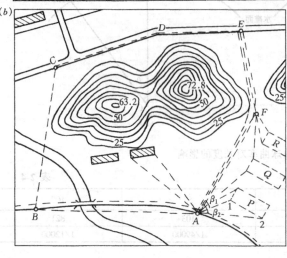

图 2-20　控制和地形测量

地球表面是复杂多样的，测图时，要在某一点上测绘该地区所有的地物和地貌是不可能的。如图 2-20（a）中的 A 点，在该点只能测量附近的地物和地貌，对于山后面的部分以及较远的地物就观测不到，因此需要在若干点上分区施测，最后才能拼接成一幅完整的地形图（图 2-20（b））。实际工作时应采用如下工作程序，首先用较严密的方法、较精密的仪器测定一些控制点（A、B、C、D、E 和 F），以保证整体的精度，再根据控制点施测周围的地物和地貌。也就是在布局上是"由整体到局部"；在精度上是"由高级到低级"；在次序上是"先控制后细部"。这就是测量工作应遵循的原则。

二、控制测量

遵照"先控制后细部"的测量程序，为了测绘地形图，先必须进行控

制测量。控制测量分为平面控制测量与高程控制测量。

由一系列平面控制点构成平面控制网。以连续折线形式构成的平面控制网，如图 2-21（a）中的 A-B-C-D-E-F 称为导线，这些点称为导线点。测量导线边的长度 S_{AB}、S_{BC}……和导线边之间的转折角 β_A、β_B……称为导线测量。

控制点构成连续三角形，如图 2-21（b）所示，称为三角网，这些点称为三角点。在三角网中测量基线 S_{AB}、S_{EF} 及三角形各个内角 α_1、β_1、γ_1、α_2、β_2、γ_2 等，这项工作称为三角测量。通过导线测量或三角测量，可以计算出各个平面控制点的坐标（x，y）。

高程控制网一般为由一系列水准点构成的水准网，或将三角网、导线网同时作为高程控制网。一般用水准测量或三角高程测量的方法测定高程控制点的高程（H）。

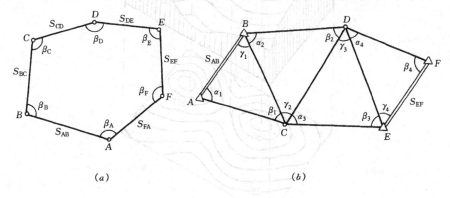

（a）　　　　　　　　　　　（b）

图 2-21　平面控制网

三、地形测量

在控制测量的基础上可以进行细部测量。如图 2-22 所示，首先按控制点 A、B……的坐标值 x、y 在图纸上展绘各点位置，然后依相应的控制点测绘周围的地物和地貌。例如在控制点 A，先使图纸上的 a 点对准地面上相应的 A 点（对中），把图板放水平（整平），并使图纸上的 ab 方向和地面 AB 方向一致（定向），最后固定图板。测定 A 点附近的房屋位置时，可以图纸上的 a 点向房屋线上按比例分别量出 a_1、a_2、a_3，这样就得到了图上

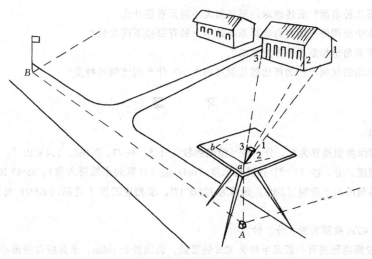

图 2-22　地物测绘

的 1、2、3 点。通常，房屋是矩形的，可以用推平行线的方法绘出另一个墙角，这样就在图上测定了这幢房屋的平面位置。依此类推，在逐个控制点上测绘其他地物。在地面高低起伏的地方，根据控制点的高程测定一系列地形特征点的高程，最后绘出用等高线表示的地形，如图 2-23 所示。

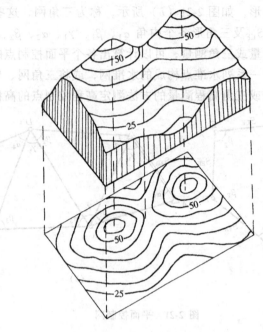

图 2-23　用等高线表示地形

思　考　题

1. 什么叫水准面、大地水准面、大地体、旋转椭球体？
2. 什么叫参考椭球体？目前我国采用的椭球元素值是多大？
3. 试述水平面和水准面的关系。水准面和大地水准面有什么区别？
4. 地球有哪几种表面？表述地球的形状和大小的元素是什么？
5. 测量工作中所用的平面直角坐标系与数学上的有哪些不同之处？
6. 高斯平面直角坐标系是怎样建立的？
7. 什么叫地图的比例尺？如何比较比例尺的大小？什么叫比例尺精度？

习　　题

1. 单位换算：

(1) 将下列弧度值换算为度、分、秒（精确到秒）：1.5，$4\pi/3$，0.562，1.4×10^{-5}。

(2) 将下列度、分、秒（° ′ ″）换算为弧度（rad）值（计算到小数第六位）：35°43′20″，206265″。

(3) 已知某角的六十进制（DMS）角值为 12°38′17″，求相应的度十进制（DEG）角值（精确到小数第四位）。

(4) 将 38°.4036 换算为度、分、秒。

2. 已知某校操场跑道有一段是半径为 32m 的圆弧，该圆弧长 100m，求其所对的圆心角（以 360°制表示，精确到秒）。

3. 某点的经度为 118°50′，试计算它所在的六度带和三度带的带号，相应六度带和三度带的中央子午线的经度是多少？

4. 地形图上某线段 *AB* 长度为 3.5cm，而该长度代表的实地水平距离为 17.5m，问该图的比例尺多大？其比例尺精度为多少？

第三章 水 准 测 量

在测量工作中，地面点的空间位置是用平面坐标（或球面坐标）和高程来表达的。测定地面点高程的方法，目前主要有两种：

（1）几何水准测量（简称水准测量）是利用仪器的水平视线求得两点间的高差，进而推求出点的高程。

（2）三角高程测量（亦称间接高程测量）是测定两点间倾斜视线的倾斜角（或称垂直角）和距离，利用三角学原理计算出两点间的高差，从而求得点的高程。

但随着全球定位系统（GPS）的问世，亦可用 GPS 求高程。上述方法中以水准测量精度最好。我国统一的高程控制网就是用水准测量方法建立的。国家水准测量按控制次序和施测精度分为一、二、三、四等水准测量。为测图目的而进行的水准测量称图根水准测量（精度低于国家水准测量，属等外水准测量）。

用水准测量方法测定的高程控制点，叫做水准点。水准点有永久性和临时性两种。

国家等级水准点均是永久性的，点位标志如图 3-1 所示，一般用石料或钢筋混凝土制成，深埋于地面冻结线以下，分上下两块标石，标石顶面上各埋设有用不易锈蚀材料制成的半球状标志，标志顶的高程即为水准点的高程，因有上、下标志，所以分上、下两个高程。

为工程建设等设置的永久性水准点，一般用混凝土或钢筋混凝土制成，其式样如图 3-2（a）所示，临时性的水准点可用地面上突出的坚固岩石或用大木桩打入地下，桩顶钉以半球形铁钉，如图 3-2（b）。

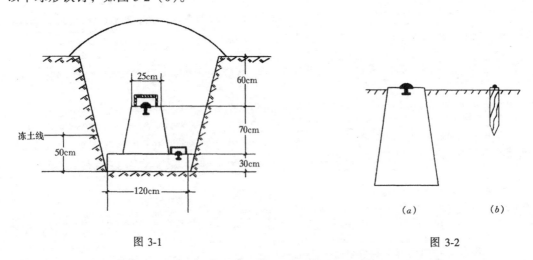

图 3-1   图 3-2

水准测量一般是沿一定的线路，将各水准点与已知高程点（高程起算点）连成一定的图形。有单一线状的，亦有网状的，称单一水准路线和水准网，国家一、二等水准测量，因为范围广、覆盖全国，所以均布设成网状。

第一节 水准测量的原理

水准测量的（实质）原理是利用仪器获得的水平视线，以此来测定两地面点间的高差。

如图 3-3 所示，在需要测定高差的 A、B 两点上，各竖立有分划的水准标尺。在两点之间安置经过调整可获得水平视线的仪器（这种仪器叫做水准仪），经调整水准仪后使视线水平，分别截于标尺上的 M 和 N 点，此时在标尺上的读数值分别为 a 和 b。由图可知，因为 AB 很短，可视水准面为水平面，则 A、B 两点间的高差为：

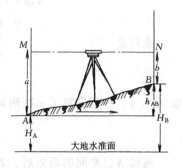

图 3-3 中间水准测量

$$h_{AB} = a - b \qquad (3\text{-}1)$$

这种将水准仪安置在标尺之间进行的水准测量，一般叫做中间水准测量。若测量路线的方向确定为从 A 到 B，则 A 点叫做后视点，其标尺上的读数 a 叫做后视读数。B 点叫做前视点，标尺读数 b 叫做前视读数。同样，若测量路线方向从 B 到 A，则 B 点为后视点，A 点为前视点。在水准测量中规定：两点的高差 h 按后视读数减前视读数计算，即

$$\text{高差} = \text{后视读数} - \text{前视读数} \qquad (3\text{-}2)$$

这一规定已使高差的正、负号随之确定，不必另外考虑。

按式（3-2）测定了两点的高差后，若已知 A 点的高程 H_A，则 B 点的高程可按下式求得：

$$H_B = H_A + h_{AB} \qquad (3\text{-}3)$$

当两点之间距离较远或高差较大时，仅设置一次仪器就不可能求得其高差。此时需要在两点之间连续设置若干次仪器和一系列的过渡性的立尺点，以传递高程至另一点。观测时，每安置一次仪器叫做一个测站；各过渡的立尺点叫做转点。

如图 3-4 所示，设 A 点的高程 H_A 为已知，要测定相距较远的 A、E 两点间的高差，以确定 E 点的高程时，必须在 A、E 之间（尽可能选择较平坦且距离较近）的路线上设置若干次仪器。如图 3-4，首先将水准仪安置在起始的 S_1 测站上，在 A、B 点上竖立水准标尺。测得后视读数 a_1 和前视读数 b_1，则 A、B 两点的高差为

$$h_1 = a_1 - b_1$$

再将水准仪移置到测站 S_2 处，这时转点 B 上的标尺不动，而将 A 点上的标尺移至转点 C 上。若第二测站上两标尺的读数分别为 a_2 和 b_2，则 B、C 两点的高差为

$$h_2 = a_2 - b_2$$

按同样的方法可得第三、第四测

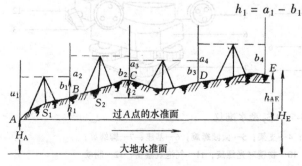

图 3-4 路线水准测量

站的高差为

$$h_3 = a_3 - b_3$$

$$h_4 = a_4 - b_4$$

最后求算四次高差的总和，即得 A、E 两点间的高差为

$$h_{AB} = h_1 + h_2 + h_3 + h_4$$

$$= (a_1 + a_2 + a_3 + a_4) - (b_1 + b_2 + b_3 + b_4)$$

或写成：

$$h_{AB} = \sum_1^4 h = \sum_1^4 a - \sum_1^4 b$$

如果在 A、E 间安置了 n 次测站，则：

$$h_{AB} = \sum_1^n h = \sum_1^n a - \sum_1^n b \tag{3-4}$$

测得 A、E 间的高差后，E 点的高程为：

$$H_E = H_A + h_{AE}$$

连续应用中间水准测量以求得两点间的高差的方法，叫做路线水准测量。

第二节 水准测量的仪器设备及其使用

一、水准仪的构造

水准仪是水准测量的主要仪器。水准仪就其精度来说，有普通水准仪和精密水准仪之分。

我国按水准仪的精度系列编定的型号是：DS_{05}、DS_1、DS_3 和 DS_{10}，其中 DS_{05} 及 DS_1 型水准仪属于精密水准仪；DS_3 和 DS_{10} 型水准仪属于普通水准仪。本节主要介绍 DS_3 型水准仪。

水准仪的主要组成部分有望远镜、水准器、支承望远镜的基座和架设仪器的三脚架等。图 3-5 是南京 DS_3 型水准仪的外貌。

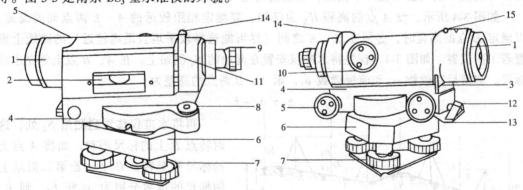

图 3-5 DS_3 型水准仪

1—望远镜；2—水准管；3—钢片；4—支架；5—微倾螺旋；6—基座；7—脚螺旋；
8—圆水准器；9—目镜对光螺旋；10—物镜对光螺旋；11—气泡观察窗；12—制动
扳手；13—微动螺旋；14—照门；15—准星

22

(一) 望远镜

1. 望远镜的用途及基本结构

望远镜的作用是照准和看清目标，使不同距离的目标都能清晰地成像，保证观测者能精确地照准目标并读数。望远镜按成像效果分正像和倒像两类；按其对光（调焦）方式的不同，分为外对光和内对光两类。现今生产的测量仪器，都采用内对光望远镜。内对光望远镜的基本结构，如图3-6所示。它由物镜、目镜、十字丝板和对光（调焦）透镜组成。

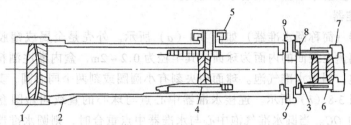

图 3-6　内对光望远镜

1—物镜；2—物镜筒；3—十字丝板；4—调焦透镜；5—调焦螺旋
6—目镜；7—目镜筒；8—光阑；9—目镜调焦螺旋

为了用望远镜照准目标，在物镜筒内光阑处装有十字丝板。十字丝板是刻有相互垂直的两条（或若干条）细丝的薄玻璃板（片），其类型较多，图3-7中是常用的几种。十字丝板上相互正交的两根长丝叫十字丝，其水平的一根叫水平丝或横丝；竖直的一根叫垂直丝或竖丝。水平丝上、下方还刻有两根用来测量距离的短丝，叫做视距丝。

图 3-7　常用的几种十字丝板

十字丝的交点与物镜光心的连线，叫做望远镜的照准轴，亦即观测时照准目标的视线。

2. 望远镜的调节

由于人眼的差异及观测目标远近不同，在使用望远镜观测目标时，需要调节目镜和调焦透镜，将目标影像和十字线平面严格重合，使眼睛能清晰地看到十字丝和目标影像。这个调节过程，一般叫做望远镜的调焦（对光）。具体步骤如下：

(1) 调节目镜：将望远镜朝向天空或者白色的物体，旋出或旋入目镜，直到十字丝看上去是最清楚的黑线为止。

(2) 调节物镜：在望远镜对准目标后，转动调焦螺旋，直到望远镜中的目标影像看得最清楚时为止。

(3) 检查并消除视差：如果目标影像平面与十字丝平面不完全重合，就产生视差。观测中是不允许视差存在的，因为它会影响照准目标的精确性。

检查的方法是：观测者的眼睛在目镜后方作上、下、左、右微小移动并进行观察，若十字丝的交点始终与目标影像上的同一点重合，则表示不存在视差。反之，若发现十字丝与目标影像有相对移动现象，则表示存在视差。

消除视差的方法是：轻轻稍慢地转动调焦螺旋，重新进行物镜对光。

（二）水准器

水准器是能够标志出水平线（面）和铅垂线（面）的一种装置，是测量仪器上的重要组成部分。它配合其他部分可把测量仪器的某一直线（或平面）调整成水平或铅垂位置。水准器通常分为圆盒水准器和圆管水准器两类。

1. 圆盒水准器

圆盒水准器（简称圆水准器）如图 3-8（a）所示。外壳是金属或塑胶的，内装圆柱形玻璃盒。玻璃盒上表面的内面为球面，其半径为 0.2～2m，盒内灌注酒精或乙醚，并留有空隙形成气泡，叫做水准气泡。球面中央刻有小圆圈或刻两个同心圆，其圆心即为水准器的中点，如图 3-8（b）所示。连接水准器中心点与球心的直线叫做圆盒水准器轴，如图 3-8（c）中的 OC。当圆水准气泡中心与水准器中点重合时，则圆水准器轴就处于铅垂位置。

在结构上圆水准器轴与圆水准器底面是呈正交的。所以，当轴线铅垂时，底面就处于水平位置，因而与底面严密接触的直线或平面也就成为水平的了。

圆水准器用来确定水平位置的精度较低，通常在测量仪器上只是做粗略整平之用。而仪器精确的整平，常需用圆管水准器。

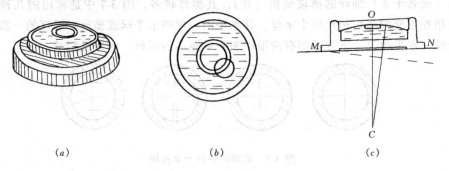

（a）　　　　　　　（b）　　　　　　　（c）

图 3-8　圆盒水准器

2. 圆管水准器（简称管水准器）

（1）圆管水准器的结构　圆管水准器是较精确的水准器，其整体结构如图 3-9 所示。管水准器的主要部分是水准管，它是内表面磨成十分精细的圆弧形玻璃管，管内灌注入质轻易流的液体（如酒精或硫酸乙醚）。并留有一个充满液体蒸气的空间，即水准气泡。

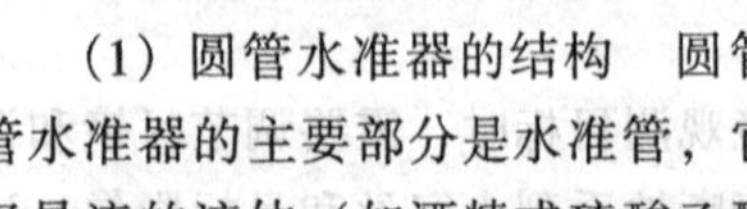

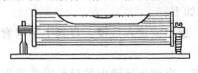

图 3-9　圆管水准器

如图 3-10，水准管圆弧的中心 S，叫做水准器的零点。过零点与圆弧相切的直线 HH' 叫做水准器的水准轴。由于水准气泡在管内总是处于最高位置的，所以过气泡中心的切线必处于水平位置。因此当气泡中心与水准器的零点重合时（简称气泡居中），则水准器的水准轴就处于水平位置。通常气泡中心的位置可由气泡两端所处水准管上所刻的分划线来确定。

管水准器的水准管中央部分都刻有间距为 2mm 且与零点成对称的一系列分划线。由于气泡的位置是按其两端点来确定的，所以，水准管中部（包括零点）的一小段通常不刻分划线，如图 3-11（b）所示。但有的水准管在零点处刻有特殊的标记，如图 3-11、（a）所示。

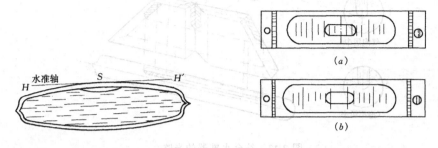

图 3-10　管水准器的水准轴　　　　　图 3-11　管水准器的分划

（2）分划值及灵敏度　水准气泡准确而快速移居水准器最高位置的能力，叫做水准器的灵敏度。它是水准器最重要的性能指标。水准器的灵敏度主要决定于水准器的分划值。

如图 3-12，水准管上相邻两分划线间的圆弧（2mm 长）所对的圆心角，叫做水准器的分划值。通常以 τ 表示。

$$\tau = \frac{2^{mm}}{R^{m}} \cdot \rho \tag{3-5}$$

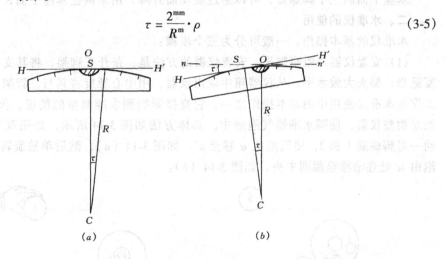

图 3-12　水准管的分划值

式（3-5）表明，水准管分划值与圆弧半径（R）成反正，圆弧半径愈大，则分划值愈小。反之，半径愈小，则分划值愈大。测量上用的水准器，其水准管圆弧半径一般为 8～100m，其相应的分划值约为 50″～4″。有的精密水准器的水准管圆半径可达到 200m，此时其分划值约为 2″。

水准器的分划值小，灵敏度便高，整平精度就好；反之，分划值大，灵敏度低，整平精度就差。

（3）符合水准器　符合水准器就是在水准管的上方装设一组棱镜，通过棱镜系统的连续折光作用，把管水准器气泡两端各一半的影像，传递到望远镜内或目镜旁的显微镜内，使观测者不移动位置，便能看到水准管气泡两端的符合影像。另外，由于气泡两端影像的偏离是将实际偏移值放大了一倍，从而亦提高了居中精度。图 3-13 所示为符合水准器棱镜系统的光路及观察气泡的情况。若气泡的两影像完全符合（图中的 1），表示气泡已居

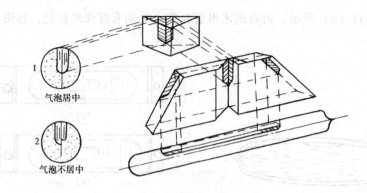

图 3-13　符合水准器的光路

中。若呈现图中 2 所示的情况，则表明气泡尚未居中。

（三）基座部分

基座部分包括基座及脚螺旋，位于仪器的底部（见图 3-5），用来整平仪器，并通过中心螺旋使仪器与三脚架稳固地连接。

基座下面的三个脚螺旋，可以通过旋动而升降，用来调整基座平面，使之水平。

二、水准仪的使用

水准仪的基本操作，一般可分为三个步骤：

（1）安置仪器及粗略整平。安置仪器的方法是：张开三脚架，将其支在地面上，使高度适当，架头大致水平。从仪器箱中取出仪器，用中心螺旋将其与三脚架连接牢固。整平工作是水准仪使用中的基本操作之一，它直接影响到水准测量的精度。仪器的粗略整平，就是调整仪器，使圆水准器气泡居中。具体方法如图 3-14 所示，先用双手以相对方向转动一对脚螺旋 1 和 2，使气泡从 a 移至 a'，如图 3-14（a），然后单独旋转脚螺旋 3，使气泡由 a' 处逐渐移至圆圈中央，如图 3-14（b）。

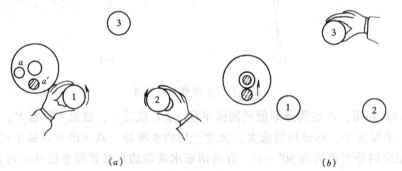

（a）　　　　　　　　　　　　　　　　（b）

图 3-14　粗略整平水准仪

（2）进行望远镜的照准及调焦。

（3）精确整平仪器及标尺读数：在标尺读数前，必须进行精确整平。方法是慢慢转动微倾螺旋，调整符合水准器使气泡居中，如图 3-15。

三、水准标尺和尺垫

（一）水准标尺

水准标尺是水准测量的重要工具，其型式很多。图 3-16 中的标尺为用于三、四等级

图根水准测量的水准标尺，是长度为整 3m 的双面
（黑、红面）木质标尺，尺面每分划均为 1cm，黑面
为黑白相间的分划，红面为红白相间的分划。为保
证读数方便和避免读数错误，每 5 个分划组合在一
起。尺面上每分米注有倒写的阿拉伯数字，由下往
上逐渐增大。这样，对通常为倒像望远镜的水准
仪，读数时视场中即呈现正像数字（由上往下逐渐增
大），与字头齐平的分划线，就是该分米的起算线。

图 3-15 精确整平水准仪

水准标尺必须成对编号使用。为了防止观测时产生印象错误，每对双面水准标尺的底部，
黑面均从零起算，而红面则分别从 4687 和 4787（mm）起算。

（二）尺垫

尺垫（尺台）或尺桩通常用于转点上。每对水准标尺都配有一对尺垫或尺桩。尺垫和
尺桩的形状如图 3-17 所示。

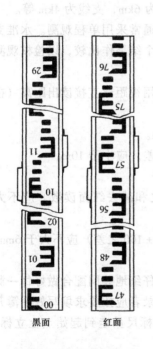

图 3-16 水准标尺

图 3-17 尺垫和尺桩

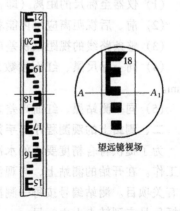

望远镜视场

图 3-18 水准标尺读数

（三）标尺读数

水准测量是用十字丝的水平丝在标尺上读数的。读数时，一般先根据水平丝的位置默
估出毫米数，再依次读出米、分米、厘米、毫米数。如图 3-18 中，AA_1 为十字丝的水平
丝，按水平丝在标尺上的位置先默估出毫米数"7"后，再读出四位数字，即"1847"。

第三节　水准测量的外业

水准测量按精度或用途不同有等级水准测量、图根水准测量和工程水准测量之分。在地形测量中，一般是以三、四等水准测量作为测区内的基本高程控制。图根水准测量则是进一步加密高程控制点且直接为地形测图服务的。当测区范围较小，且图根水准测量能满足高程精度要求时，也可将它作为测区的首级高程控制。

一、图根水准测量的一般要求

图根水准测量的目的是测定图根点的高程，为地形测图提供高程起算数据。因此，图根水准测量一般可沿解析图根控制点（包括三角点）布设，并可将埋石的图根控制点或某些固定地物点当作图根水准点。必要时，也可埋设少量的标石或大木桩（顶端钉圆帽钉）作为图根水准点。

图根水准路线通常布设成闭合环线（图 3-19（a））或起闭在两高级水准点之间的附合路线（图 3-19（b））。少数情况下也可布设成具有结点的结点水准路线（图 3-19（c））或布设成支线水准（图 3-19（d））。各种形式的水准路线，其长度都不应超过规范所规定的限度。例如：闭合、附合路线的长度限差为 8km，结点间为 6km，支线为 4km 等。

图根水准路线中，闭合环线及附合路线因有检核条件，通常采用单程观测。水准支线则应进行往、返观测或单程双线观测，并对往、返观测的两个结果作比较，以检核观测质量。

图根水准测量采用水平丝来读取后视、前视标尺读数，用视距丝直接读出距离（视距读数）。图根水准测量一个测站上应满足以下要求：

（1）仪器至标尺的距离（即视线长度）一般最大为 100m。

（2）前、后视距离应尽可能相等。每测站的后、前视距差，应小于 10m。

（3）整条路线的视距累积差应小于 50m。

（4）同一标尺黑、红面读数之差（黑面读数与尺常数之和减去红面读数）应不大于 4mm。

（5）同一测站黑、红面高差之差（黑面高差与红面高差 ± 100 之差）应不大于 6mm。

二、测站上的观测程序与手簿记录

为了提供符合精度要求的水准测量成果，作业人员应该仔细地共同配合做好每一测站的工作。在开始的测站上，与观测者安置水准仪的同时，记录者应按要求填写好手簿开头的有关项目。测站编号按每一测段（或路线）依次编号。后标尺员走到起始点上立标尺，前标尺员走到转点上立标尺。

以上各项工作完成后，便可进行测站上的观测工作，具体操作程序是：

（1）转动仪器脚螺旋，使圆水准器气泡居中，此时符合水准器的气泡影像分离值应不大于 1cm。记簿者应将本测站编号及后视点号填写在手簿（参考表 3-1）的（1）、（2）处（转点不填写点号）。

（2）将望远镜照准后视标尺黑面，转动微倾螺旋使视距丝的上（或下）线对准标尺上某一整分划（整米或整分米的起始线），然后默估出两视距丝在标尺上所截的厘米分划数；按一厘米相当于实地距离一米读出仪器至后视标尺的距离。此即后视距，记录在手簿中

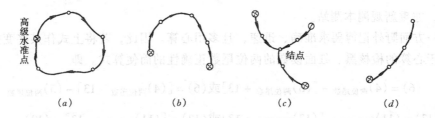

图 3-19 图根水准路线布设形式

（3）处。再转动微倾螺旋，使符合水准器中的气泡严格居中，待气泡稳定后，按水平丝在标尺上读数（四位数字），记在手簿中（4）处。

（3）后视标尺转为红面，观测者先检视符合水准器的气泡是否仍严格居中，确认居中后再按水平丝读出后视标尺红面读数，记在手簿中（5）处。

（4）转动望远镜，照准前视标尺黑面，按以上方法读出前视距离和前视标尺黑面读数，分别记在手簿中的（8）、（11）处。如前视点是已知水准点或图根点时，应将其点号记在手簿中的（7）处。

（5）前视标尺转为红面，按水平丝读出前视标尺红面读数，记在手簿中的（12）处。

上述观测程序可简述为：后、后、前、前。

在观测过程中，需要特别注意的是：每次按水平丝读数前，必须注意符合水准器中气泡是否严格居中。读数要仔细、准确。记录者应将观测者所报读数复唱一次后再记录，以避免差错。立尺员必须将尺垫安置稳妥踩实，不应放置在土质松软的地方。当观测员照准标尺读数时，立尺员应将水准尺垂直竖立在尺垫上（在固定点时，则直接立在点上），并尽量保持稳定。观测过程中不能碰动仪器、脚架和尺垫。迁站时，原前视标尺尺垫切勿碰动。

三、测站上手簿的计算及检核

为了保证每一测站观测数据的正确性，在观测过程中，记录者应及时在测站上迅速进行以下的计算和检核（对照表 3-1）：

1. 后、前视距差及视距累积差计算

每站后、前视距差 d（9）=（3）－（8），应小于 10m。

每站视距累积差 Σd（10）=前站的（10）+本站的（9），应小于 50m。

此项计算应在后、前视距离读出后立即进行，如超过限差，应及时调整前尺立尺位置。

2. 同一标尺黑、红面读数之检核

从理论上来说，同一标尺黑、红面读数之差，应等于该标尺黑、红面注记的常数差4687 或 4787。黑、红面的读数差，记在手簿的（6）、（13）处，其算式为

$$（6）= K +（4）－（5）$$

$$（13）= K +（11）－（12）$$

式中的 K 为该标尺相应的黑、红面注记的常数差。在一对标尺中，一标尺的 K 为4687，另一标尺的 K 则为 4787。

在作业中，当读出（4）、（5）后，应立即计算（6），若其绝对值大于 4mm，应随即划去本测站，重新观测。如此时已读记了后视标尺读数，则同样作废。若（13）的绝对值大

于 4mm，亦重新观测本测站。

另一方面野外记簿要求准确、迅速，且多用心算。因此，若将上式作某些变换，即可得出便于心算的检核黑、红面读数的两位尾数正确性的简便算式。即

$$(6) = (4)_{两位尾数} - [(5)_{两位尾数} + 13] 或 (6) = [(4)_{两位尾数} - 13] - (5)_{两位尾数}$$

$$(13) = (11)_{两位尾数} - [(12)_{两位尾数} + 13] 或 (13) = [(11)_{两位尾数} - 13] - (12)_{两位尾数}$$

例如表 3-1 中第一测站的检核为

$$(6) = 45 - [32 + 13] = 45 - 45 = 0$$

$$(13) = 90 - [79 + 13] = 90 - 92 = -2$$

至于检核读数的前两位数字是否正确，只需在黑面读数的前两位数字中加上 47 或 48，视其是否等于红面读数的前两位数字即可。但要注意，切勿只算尾数、不算大数，否则将不能及时发现大数的读数错误。

3．高差的计算及检核

按照两标尺黑面读数算得的高差，记在手簿中的（14）处，即

$$(14) = (4) - (11)$$

按照两标尺红面读数算得的高差，记在手簿中的（15）处，即

$$(15) = (5) - (12)$$

将黑、红面高差之差按下式计算后，记在手簿中的（16）处，即

$$(16) = (14) - (15) \pm 100 （横向计算）$$

$$(16) = (6) - (13) （纵向检核计算）$$

当（16）的绝对值大于 6mm 时，本测站重新观测。

经以上计算无误后，按下式计算黑、红面高差的中数，记在手簿中的（17）处，即

$$(17) = \frac{1}{2} \{(14) + (15) \pm 100\}$$

在每一测站上，只有当上述各项（即表 3-1 中的（9）、（10）、（6）、（13）、（16）等数值）经检核计算后，都分别小于相应的限差时，才能迁站。

每天的外业观测或测段、路线观测结束后，应全面检核各项记录和计算。每页手簿和观测，应进行以下的检核计算。

$$\Sigma (14) = \Sigma (4) - \Sigma (11)$$

$$\Sigma (15) = \Sigma (5) - \Sigma (12)$$

$$\Sigma (16) = \Sigma (6) - \Sigma (13) = \Sigma (14) - \Sigma (15) \pm 100$$

$$\Sigma (17) = 1/2 \{\Sigma (14) + \Sigma (15) \pm 100\}$$

后两式在本页测站数为偶数时，则不需要加减 100。

水准测量手簿

表 3-1

自Ⅲ后庄2
测至Ⅳ栖龙10
1989 年 5 月 24 日　　　　始：7 时 30 分　　　终：8 时 45 分

天气：晴　观测者：张静文
成像：清楚　记簿者：陈伟勤
仪器：13749

测站编号	后视点号 后距 视距差	前视点号 前距 累积差	方向及尺号	标尺读数 黑面	标尺读数 红面	K+黑减红	高差中数	备考
(1)	(2) (3) (9)	(7) (8) (10)	后 前 后—前	(4) (11) (14)	(5) (12) (15)	(6) (13) (16)	(17)	
1	Ⅲ后庄2 86 +5	 81 +5	后 11 前 12 后—前	1345 1390 −0045	6032 6179 −0147	 −2 +2	−0046	
2	79 −3	82 +2	后 前 后—前	1438 1694 −0256	6223 6380 −0157	+2 +1 +1	−0256	
3	89 +6	83 +8	后 前 后—前	1390 2538 −1148	6078 7320 	−1 +5 		前视读数超限
3	89 +6	83 +8	后 前 后—前	1392 2538 −1146	6077 7323 −1246	+2 0	−1146	
4	69 −3	No.1 72 +5	后 前 后—前	1682 1160 +0522	6468 5848 +0620	+1 −1 +2	+0521	
5	No.1 82 −3	85 +2	后 前 后—前	1158 0810 +0348	5846 5596 +0250	−1 +1 −2	+0349	
6	64 −6	No.2 70 −4	后 前 后—前	2924 0156 +2768	7712 4842 +2870	−1 +1 −2	+2769	
Σ	469 −4	473 −4	后 前 后—前	9939 7748 +2191	38358 36168 +2190	+3 +2 +1	+2191	

第四节 图根水准路线的高程计算

图根水准测量外业观测结束后，应计算路线上各固定点（主要是图根点）的高程。开始计算高程以前，必须认真、全面地对外业观测手簿进行检查，看记录是否完整，有无违反规范要求的情况，一切计算值有无错误等等。在确认无误后，方可按下述步骤进行计算。

一、计算相邻固定点间的距离和高差

如图 3-20 所示，先绘一水准路线略图。并注写上路线的起点、终点名称及沿线各固定点的点号，标明观测的方向。然后根据观测手簿上的资料，计算出相邻各固定点（如后庄 2 ~ No.1，No.1 ~ No.2 等）间的距离及高差，分别注写在路线略图的上方及下方。计算时，将这些距离和高差填写在计算表格的相应栏内，再求出路线的总长度及总高差。其他的计算，便可在表格中进行。

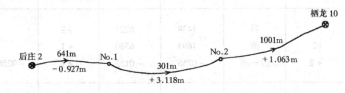

图 3-20 水准路线略图

二、计算路线的闭合差及容许闭合差

闭合路线是由一个已知高程的水准点开始，测定了若干固定点后，再回到原来的点上。所以路线高差的理论值应等于零。而两端为已知高程点的附合水准路线，其高差理论值则应等于两端点的高程之差，即：

$$h = H_n - H_0（终点高程 - 起点高程）$$

因为观测总是带有误差，所以不论闭合路线或附合路线，由观测所得的路线高差值总是与理论高差值不一致的。其差值叫做路线高差闭合差，常以 f_h 表示：

$$f_h = 高差观测值 - 高差理论值$$

$$= \sum_1^n h - (H_n - H_0) \tag{3-6}$$

对于闭合路线，因 $H_n = H_0$，故有

$$f_h = \sum_1^n h \tag{3-7}$$

图根水准路线的容许闭合差，一般可按下式计算：

$$f_{h容} = \pm 40 \cdot \sqrt{L} \qquad mm \tag{3-8}$$

式中 L 是以 km 为单位的路线总长度。

有的规范规定，当每千米的测站数超过 16 个时，容许闭合差可按下式计算：

$$f_{h容} = \pm 12 \cdot \sqrt{n} \qquad mm \tag{3-9}$$

式中 n 为路线总测站数。

计算者：丁炳兴 检查者：陈 平

点 号	距 离 (m)	平均高差 (m)	改正数 (mm)	改正后高差 (m)	点之高程 (m)	备 考
Ⅲ后庄 2	641	− 0.927	− 9	− 0.936	34.464	已知高程
No.1	301	+ 3.118	− 4	+ 3.114	33.528	
No.2	1001	+ 1.063	− 14	+ 1.049	36.642	
Ⅳ栖龙 10	1943	+ 3.254	− 27	+ 3.227	37.691	已知高程
Σ						

$$h = 37.691 - 34.464 = + 3.227m$$
$$f_h = 3.254 - 3.227 = + 0.027m$$
$$f_{h容} = \pm 40\sqrt{L} = \pm 40\sqrt{1.94} = \pm 55mm$$

应该注意，往返测的支线，其长度或测站数是按单程计算的。

高差理论值、路线闭合差及容许闭合差的计算，一般可列于计算表格下部空白处。如表 3-2，表 3-3 所示。

若路线闭合差不超过容许值，则可继续进行以后的计算。若超过容许值，应先检查已知数据有无抄错，运算有无错误。如确认内业计算无误，则应根据外业观测中各方面情况，仔细分析可能产生错误（或较大误差）的测段，先行检测。若根据检测所得高差计算路线闭合差仍超限，就应重测其他测段，直到符合要求为止。

计算者：丁炳兴 检查者：陈 平

点 号	测站数 (m)	平均高差 (m)	改正数 (mm)	改正后高差 (m)	点之高程 (m)	备 考
Ⅲ后庄 2	16	− 2.927	− 12	− 2.939	34.464	已知高程
101	12	+ 5.118	− 9	+ 5.109	31.525	
102	8	− 2.164	− 6	− 2.170	36.634	
Ⅲ后庄 2	36	+ 0.027	− 27	0	34.464	已知高程
Σ						

$$f_h = + 0.027m$$
$$f_{h容} = \pm 12\sqrt{36} = \pm 72mm$$

三、计算高差改正数及改正后高差

水准路线的闭合差，主要是由各测站的观测误差累积而成。路线中的测站数愈多（或路线愈长），则由误差累积所形成的闭合差就愈大。所以，可按与距离或测站数成正比地将闭合差反号分配到各段高差中，以消除闭合差。

各段所分配的值，叫做高差改正数。各段高差改正数的计算式为

$$测段高差改正数 = -\frac{路线闭合差}{路线总长度} \times 相应测段长度$$

或

$$测段高差改正数 = -\frac{路线闭合差}{路线总测站数} \times 相应测段的测站数$$

即

$$V_{hi} = -\frac{f_h}{\Sigma d} \cdot d_i \tag{3-10}$$

或

$$V_{hi} = -\frac{f_h}{\Sigma n} \cdot n_i \tag{3-11}$$

各段高差改正数的总和，应与闭合差绝对值相等而符号相反。这便是改正数计算正确性的检核。各段改正后的高差值为：

$$改正后高差 = 平均高差 + 相应改正数$$

改正后高差总和应等于理论值。

四、点的高程计算

用路线起始点的已知高程加改正后高差，即得下一点的高程。然后逐点进行计算。如：

$$H_{No.1} = H_{后庄2} + h_1 = 34.464 + （-0.936）= 33.528$$

$$H_{No.2} = H_{No.1} + h_2 = 33.528 + 3.114 = 36.642$$

推算得到的路线终点的高程应与其已知高程一致，否则说明计算有错。

至于支线水准的高程计算，当往、返观测高差之差符合要求时，则取各段往、返观测高差的平均值，作为各段高差的最后值。然后从已知高程点开始，逐点推算其高程。在计算支线水准过程中，因无检核步骤，计算时应特别仔细。

第五节 水准仪的检验校正

水准仪由各部件相互组合而成。要使测定的高差具有相应的精度,仪器在结构上就应满足一定的条件。这些条件是以水准仪各轴线之间的几何关系来表述的,如图3-21,主要有:

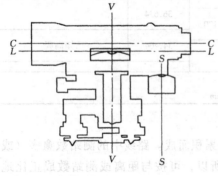

（1）管水准器的水准轴 LL 平行于望远镜的照准轴 CC。

（2）圆水准器轴 SS 平行于仪器的竖轴 VV。

（3）十字丝的水平丝垂直于仪器竖轴。

由于仪器搬运及使用时外界因素的影响，会使仪器结构产生变化，从而使这些必备条件并不一定能满足。仪器检查校正的目的，就在于通过检查，发现条件不满足时作适当的调整，使仪器满足观测必备的条件，以保证观测成果的精度。

装有微倾螺旋的普通水准仪，其检查校正项目

图 3-21 水准仪的轴线

和方法是:

一、圆水准器轴应平行垂直轴

1. 检验方法

安置水准仪，通过调整脚螺旋使圆水准气泡居中，此时，圆水准轴 SS 处于垂直位置。然后将仪器上部绕竖轴旋转180°，若圆水准气泡仍然居中，则表明条件满足，否则条件不满足，需要进行校正。

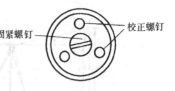

图 3-22　圆水准器校正螺钉

2．校正方法

如图 3-22 所示，校正时先松开圆水准器下部中间的固紧螺钉，然后根据气泡偏移方向，调整圆水准器下部的三个校正螺钉，使气泡向居中位置移动偏移量的一半，再调整脚螺旋，使圆水准气泡居中。此项工作一般需反复进行 2～3 次才能完成，直至仪器转至任一位置，圆水准气泡均处在居中位置为止，校正完成后要拧紧固紧螺钉。

二、十字丝的水平丝应垂直于竖轴

1．检验方法

整平仪器后，使十字丝中心对准固定物体（墙壁或电杆等）上的一点。旋紧望远镜制动螺旋，转动微动螺旋，同时观察望远镜视场中水平丝水平移动时该点是否始终在水平丝上。若水平丝始终通过该点，表明条件满足。否则，应进行校正。

此项检查还可采用下述方法：在室内或室外避风的地方，整平仪器后，在距仪器 10 ～20m 处悬挂一垂球线。照准垂球线，然后观察十字丝的垂直丝是否全部与垂球线重合，若不重合则应校正。

2．校正方法

旋下十字线校正螺钉的护盖，再旋松十字丝环上相邻的两个校正螺钉。转动整个十字丝环，使照准点落在水平丝一端上，再作检查，直到水平丝始终通过照准点（或垂直丝全部与垂球线复合）为止。然后将校正螺钉拧紧，盖好护盖。

三、照准轴应平行于管水准轴（i 角的检校）

水准仪的照准轴与水准管轴不平行而形成的交角，称为 i 角。若 i 角为零，即上述条件满足，就能够保证仪器精确整平后的视线，处于水平位置。这是水准测量的基础。

i 角的检校方法很多，但其检校的基本原理是一致的。即将仪器安置在不同点上以测定两固定点间的两次高差来确定 i 角。若两次求得的高差相等，则 i 角为零；两次高差不相等，则需计算出 i 角。若超过限度，则应进行校正。

下面介绍一种适合 DS$_3$ 型水准仪的简便检查和校正方法。

1．检查方法

如图 3-23 所示，在较平坦的地面上选择相距 80m 左右的 A、B 两点，并用木桩或尺垫作标志。如图 3-23（a），先将水准仪安置在 A、B 间的中点处。精确整平仪器后，测得两点高差为 h，然后移置水准仪于 B 点（图 3-23（b）），使物镜的前端面位于 B 点上方，整平仪器并用微倾螺旋使水准器气泡居中。在 B 点上立标尺使尺面贴于物镜，此时直接观察物镜上、下边缘在标尺上的读数，其中数即仪器高 K。精确整平仪器后，用在 A 点标尺读数 a'_2 与仪器高 K 求得的高差为 h'，则有

$$x_a = h' - h \tag{3-12}$$

由于 i 角总是很小的，故由图 3-23（b）可知，i 角可按下式计算

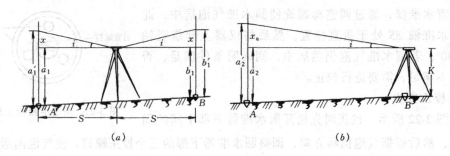

图 3-23　i 角的检校

$$i = \frac{x_a}{2S} \cdot \rho'' \tag{3-13}$$

2. 校正方法

校正时，仪器仍在 B 点。由式（3-12）求得 x_a 后，再算出在 A 点标尺上应有的正确读数

$a_2 = a'_2 - x_a$。然后转动微倾螺旋，使水平丝切于正确读数 a_2 处。再相对地转动管水准器的上、下校正螺钉，使气泡居中（有十字丝校正螺钉装置的水准仪，此项校正亦可调整十字线板的上、下校正螺钉，使水平丝切于标尺上的 a_2 处，以校正 i 角）。这项检校也要反复进行，直到符合要求为止。

表 3-4

仪器在两点中间		仪器在一端点		备　考
标尺读数（mm）		标尺读数（mm）		
a'_1	1659	a'_2	1548	
b'_1	1436	K	1282	
h	+ 0223	h'	+ 0266	$S = 50\text{m}$
$x_a = h' - h = +43\text{mm}$				
$a_2 = a'_2 - x_a = 1505\text{mm}$				

表 3-4 为 i 角检校的记录格式和算例。例中两标尺的距离为100m。根据两测站上的读数先算得两次的高差（0223mm 和 0266mm）。再按式（3-12）计算 x_a 后，得 A 标尺上的正确读数 $a_2 = 1548 - 43 = 1505$mm。然后转动微倾螺旋使水平丝切于 A 标尺上的1505mm 处。再用管水准器校正螺钉使气泡居中。特别应该注意，若经 i 角检校后，当气泡居中而微倾螺旋位置接近螺旋极限时，则应转动微倾螺旋使之位于转动有效范围的中间，然后，调节顶在目镜端下方的支杆高度，并使气泡居中即可。

第六节　自动安平水准仪

由于影响气泡居中的因素较多，所以通过管水准器气泡居中来获得水平视线的水准仪，在作业时就要为调整气泡严密居中花费较多时间，并且极易造成由于疲劳而影响观测精度。

为了提高水准测量的速度和精度，必须改革获得水平视线的手段。为此，从 20 世纪

40 年代开始，经逐步研制，一种名为自动安平的水准仪问世。

自动安平水准仪的类型目前已很多，但其自动安平的原理则是相同的，即它们都是去掉了管水准器，而在水准仪的望远镜筒中安设一个叫做补偿器的装置。当水准仪依圆盒水准器粗略整平后，照准轴仅有微小倾斜时，过物镜中心的水平光线，可通过补偿装置偏转一相应角度依然到达十字丝中心，从而仍可读得照准轴水平时应有的读数。因此，它在作业时就无需严密整平，同时，在观测过程中由于仪器不稳、地面微小震动、脚架不规则下沉等原因所引起的照准轴微小的倾斜变化，也都可由补偿器自动迅速地予以调整，而不会影响读数。这样就达到了提高测量精度和速度的目的。

图 3-24 所示为该补偿器的原理略图。设望远镜照准轴有一微小倾角 α，此时，若无补偿器，则过物镜光心 O 的水平光线不通过十字丝中心而过 P 点。当在光路中间安装补偿器后，使水平光线通过补偿器时，在 Q 点偏转 β 角，从而恰好通过十字丝中心，这样就达到了补偿目的。由图可知，当 α、β 角为微小角时，则有如下关系式：$f \cdot \alpha = d \cdot \beta$ 或表示为

$$\frac{\beta}{\alpha} = \frac{f}{d} \tag{3-14}$$

上式即为自动安平的基本条件。若令

$$\frac{\beta}{\alpha} = \frac{f}{d} = K$$

则 K 叫做补偿系数。安装补偿器时，若使 K 保持不变，则条件成立而起到自动安平的作用。

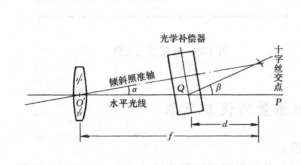

图 3-24　补偿器的补偿原理

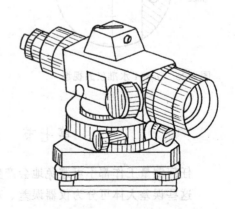

图 3-25　DZS$_3$-1 型自动安平水准仪

此类补偿器叫光学补偿器。另有一种补偿装置是通过移动十字丝以补偿视线倾斜从而达到自动安平的目的。

图 3-25 是北京光学仪器厂生产的 DZS$_3$-1 型自动安平水准仪，它由望远镜、光学补偿器、制动机构、基座等部分组成，并附设有水平度盘装置。

DZS$_3$-1 型自动安平水准仪的望远镜为内对光正像望远镜，其视场如图 3-26 所示。视场左端的小窗为警告指示窗，当仪器垂直轴倾斜在 ±5′ 范围（即补偿器正常有效工作范围）以内时，警告指示窗全部呈绿色。当超过 ±5′ 时，窗内一端将出现红色，此时，应重

新整平仪器。

基座上设有金属的水平度盘。望远镜旋转时，度盘读数指标随之旋转，在度盘上可读得相应的旋转角。这一装置用于工程测量中某些作业。

DZS₃-1 型自动安平水准仪的光学补偿器由补偿棱镜、底棱镜、吊挂支架、阻尼器等部分组成。采用精密微型轴承吊挂补偿棱镜。补偿棱镜由两个直角棱镜组合而成，并固连在吊挂支架上部。吊挂支架下装有小金属块，整个支架用轴承装置自由悬挂在镜筒中，形成一摆体。当垂直轴有微小倾斜时，借重力作用，摆体自动保持铅垂状态，即补偿棱镜底面自动保持水平位置。底棱镜则与镜筒固连，随垂直轴的倾斜而倾斜。阻尼器（使摆体迅速稳定下来的减振设备）采用的是空气阻尼机构。

当自动安平水准仪的垂直轴有微小倾斜时，则水平轴相应倾斜了 α 角。即照准轴与过物镜光心的水平线夹角为 α。此时，由于整个摆体随之偏转 α 角而自动保持铅直状态，故过物镜光心的水平光线依然正交进入补偿棱镜，但此时底棱镜亦已倾斜 α 角，故经折射后，射出光线与水平线交角 $\beta = 2\alpha$，如图 3-27 所示。由于补偿器安装在物镜光心与十字丝中心之间的中点上，因此 $f = 2d$，亦即满足了自动安平的基本条件。折射后，光线过十字丝中心，从而达到了自动安平的目的。

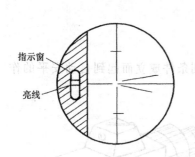

图 3-26　DZS₃-1 水准仪的视场

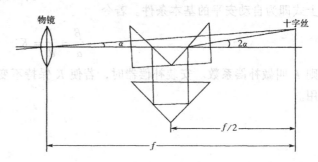

图 3-27　补偿器的光路

第七节　水准测量的误差来源

任何测量工作都不可避免地会产生误差。

这些误差大体可分为仪器误差、观测误差及外界因素引起的误差三类。本节对水准测量的误差主要来源及其影响进行一般性的介绍，以便从中了解消除或减弱这些误差对成果造成影响的方法。

一、仪器误差

1. 望远镜照准轴与水准管轴不平行

仪器经过检查与校正后，仍会有残余误差；仪器长期使用或受到振动，也会使两轴不平行。因此，当水准管气泡居中时，视线会有稍许倾斜而产生读数误差。这项误差的大小，与仪器至水准标尺的距离成正比。因此，观测时，注意前、后视距相等就可减少或消除该项误差的影响。

2. 水准尺的误差

水准尺刻划不准确、尺底磨损、弯曲变形等使水准尺产生尺长误差、分划误差和零点误差等。观测前应对水准标尺进行检验，不合格的尺子不能使用。

二、测量误差

1. 整平误差

水准管气泡居中与否完全凭眼睛的观察，由于生理条件的限制，无法精确辨别，从而产生气泡居中误差，使视线产生倾斜。设水准管的分划值为 $\tau = 20''/2\text{mm}$，气泡居中误差一般为分划值的 0.15 倍，即 $3''$，若仪器至水准尺的距离为 100m，则由此带来的读数误差约为 1.5mm。

2. 读数误差

视差的存在以及估读毫米数的误差，与人眼的分辨力、望远镜的放大倍率及视线的长度有关，所以要求望远镜的放大倍率在 20 倍以上，视线长度不超过 100m，以保证读数的精度。

3. 水准标尺倾斜的影响

水准标尺倾斜时的读数总比尺竖直时的读数大，视线越高，读数误差越大，因此，作业时遇到高差大、读数大的情况时，应特别注意扶直水准尺。

三、外界条件的影响

1. 仪器、标尺下沉的影响

仪器安置在土质较松软的地面上时，会发生下沉现象，致使在一个测站内，视线高度发生变化而产生误差。因此，作业时要注意选择坚实地面安置仪器，熟练操作，缩短观测时间，并可采用"后前前后"的观测程序。

在仪器迁站的过程中，若转点上的水准尺发生下沉，则下一站的后视读数就会增大，从而引起高差误差。作业时，应注意将转点选择在坚硬的地面上，踩实尺垫。采用往、返观测方法，取两次成果的平均值，可以减少或消除该项误差的影响。

2. 地球曲率和大气折光的影响

在讲述水准测量原理时，是将水准面视为平面的。严格地说，由于地球曲率的缘故，两点上的标尺是分别沿着铅垂线方向竖立的，标尺与望远镜的水平视线之间不是正交关系，如图 3-28 所示，此时，正确读数应是 b'，而用水平视线得到的读数为 b''，b' 与 b'' 之差就是地球曲率对读数的影响，用 c 表示：

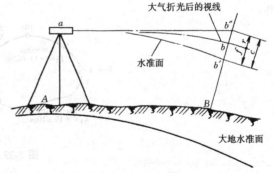

图 3-28　地球曲率和大气折光的影响

$$c = \frac{s^2}{2R} \qquad (3\text{-}15)$$

另外，因地面上大气层密度不均匀而引起大气折光，一般使视线成为弯向地面的弧线，这对标尺读数也是有影响的。如图 3-28，水平视线受大气折光的影响，使读数变为 b，b'' 与 b 的差值就是大气折光的影响，用 r 表示。实验表明，在稳定的气象条件下 r 约等于 c 的 1/7。

地球曲率和大气折光的共同影响为：

$$f = c - r = \frac{s^2}{2R} - \frac{1}{7} \frac{s^2}{2R} = 0.43 \frac{s^2}{R} \tag{3-16}$$

在观测中，应注意使水平视线距地面有一定的高度，同时观测应选择在大气密度稳定的时间内进行，就可以减弱大气折光差的影响。若使后、前视距离相等，即令 $S_1 = S_2$，就可以消除地球曲率差对每站高差的影响。

思 考 题

1．什么叫复合水准测量？复合水准测量中转点起什么作用？

2．一条图根水准路线观测的作业怎样组织？试述在一个测站上的工作。

3．水准测量中，在固定点上为什么不可使用尺垫？倘若一对尺垫高度不相等，会影响水准路线高差吗？

4．用微倾螺旋整平符合气泡和用脚螺旋整平圆气泡，其作用有何不同？

5．为什么在观测过程中尺垫和仪器不得碰动？若在测站工作进行中，前视尺垫或仪器碰动，会产生什么影响？应如何处理？若后视尺垫被碰动呢？

6．什么叫视差？产生视差的原因是什么？怎样消除视差？

习 题

1．什么叫高差？高差正负号的意义是什么？设 A、B 两点间高差 $h_{AB} = +1.386m$，A、B 两点哪点高？又设 $h_{CD} = -0.689m$，D 点比 C 点高吗？

2．某测区按假定的高程系统测得各点高程：$H'_A = 10.386m$，$H_B' = 9.563m$，$H_C' = 8.601m$，$H_D' = 8.630m$，以后与国家水准网联测，得 C 点高程为 $H_C = 5.678m$，试求 A、B、D 三点在国家高程系统中的高程。

3．设水准管内壁圆弧半径为40m，求该水准器的分划值 τ''。如果另一管水准器当气泡偏离3mm时，水准轴倾斜5″，那么该水准器的分划值 τ'' 和管内壁半径 R 又是多大？

4．有一闭合水准路线，已知点 BM.1 高程为 27.361m，观测结果如图3-29所示。试求点101、102、103的高程。

5．某附合水准路线观测结果如图3-30。已知点高程 BM.3 = 21.126m，BM.7 = 12.856m，试完成计算工作。

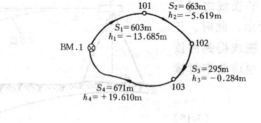

图 3-29

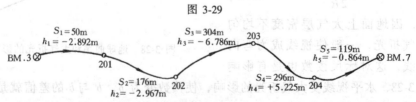

图 3-30

第四章 角 度 测 量

第一节 角度测量的概念

在图 4-1 中，A、B 是已知平面位置和高程的两个已知点，C 是待测定平面位置和高程的未知点。为求得 C 点的平面位置，需要测出 A、C 间的水平距离 d 和 AC 与 AB 所夹的水平角 β。如果采用三角高程法来测定 C 点高程，则还需测定 A、C 之间的垂直角。

所以不难看出，测定水平角、垂直角即角度测量是测量工作中的一项基本作业。

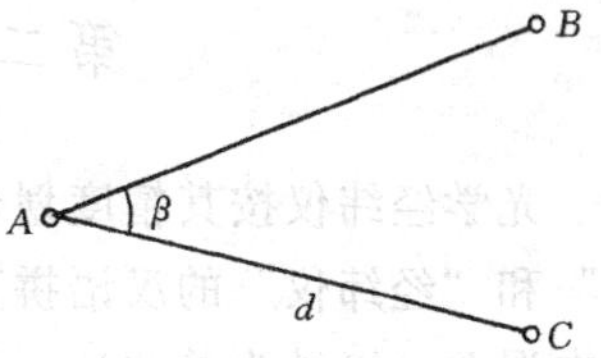

图 4-1

一、水平角及其测量原理

如图 4-2，A、B、C 是地面上不同高度的三个点，a_1、b_1、c_1 是这三个点在同一水平面 P 上的垂直投影，a_1b_1、a_1c_1 亦即直线 AB、AC 在 P 平面上的投影。a_1b_1 与 a_1c_1 的夹角 β 就叫 A 点上由 AB、AC 两方向构成的水平角。简言之，水平角就是空间两直线的夹角在水平面上的垂直投影。

由图 4-2 知，a_1b_1、a_1c_1 是铅垂面（简称垂面）M、N 与水平面 P 的交线；而铅垂面 M 与 N 的交线 a_1a_2 也就是过 A 点的铅垂线。所以，地面上任意两方向（线）间的水平角，也就是过这两方向（线）的垂面之间所夹的二面角。因此，只要在过角顶 A 点的铅垂线上任一点，作一水平面，它和两垂面的交线所夹的角，就是相应的水平角。由此可知，在过 A 点的铅垂线 a_1a_2 上任一点，都是可以测量出 AB、AC 两方向（线）间水平角的。

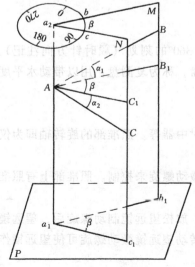

图 4-2 角度测量原理

设在 a_2 处安置一个有角度分划（顺时针方向刻划）的水平圆盘（常称度盘），并使其圆心落在 a_2 处，则垂面 M、N 所夹的圆心角 ba_2c，就是水平角 β。因此，只要在度盘上读出 a_2c 及 a_2b 两方向相应的分划值（方向值）c 和 b，则便有

$$\beta = c - b$$

即两方向所夹水平角就是两方向值之差。

由上述可知，为了测量水平角，就需有一个能安置在水平位置上的水平度盘及其读数设备。还要有一个不仅能沿垂面上下转动，并能绕铅垂线水平转动的照准设备——望远镜。

二、垂直角及其测量原理

由图 4-2 中可看出，空间直线 AB 和同一垂面上的

水平线 AB_1 的夹角 $\angle BAB_1$，就是 AB 的垂直角 α_1。同理，α_2 就是 AC 的垂直角。换言之，当望远镜照准目标时，照准轴与同一垂面中水平线的夹角就是照准视线的垂直角。若目标在水平线之上，叫做仰角，如 α_1，符号为正（＋）。在水平线之下，叫做俯角，如 α_2，符号为负（－）。故垂直角 α_1、α_2 是在垂面上量取的。

为了测量垂直角，在望远镜旋转轴的一端固定一个与旋转轴正交的垂直度盘，并使其刻划中心设在旋转轴上。垂直度盘随望远镜上下转动而转动。垂直度盘的读数指标与其管水准器相连，当该水准器气泡居中时，指标处于某一固定位置。显然，照准轴水平时的度盘读数，与照准目标后的度盘读数之差，即为垂直角 α。

经纬仪就是按上述测角原理设计制造的一种测角仪器。

第二节　DJ$_6$ 级光学经纬仪的构造

光学经纬仪按其精度划分为 DJ$_{07}$、DJ$_1$、DJ$_2$、DJ$_6$、DJ$_{15}$ 五个等级。DJ 分别为"大地测量"和"经纬仪"的汉语拼音第一个字母，07、1、2、6、15 分别为该仪器一测回方向观测中误差（以秒为单位）。

每个等级的经纬仪由于生产厂的不同而有各种型号，仪器部件和结构也不完全一样，但是其主要部件的构造则大致相同。

一、DJ$_6$ 级光学经纬仪的构造

图 4-3 为我国北京光学仪器厂生产的属于 DJ$_6$ 级的 DJ$_6$-1 型光学经纬仪，其外部各构件名称如图中所示。

图 4-4 为 DJ$_6$-1 型光学经纬仪的分解图，该图从上而下把经纬仪分解成三部分——照准部、水平度盘和基座。

1. 基座

基座上有三个脚螺旋，用来整平仪器。度盘旋转轴套套在纵轴轴套外围。拧紧轴套固定螺旋，可将仪器固定在基座上。放松该螺旋，可将经纬仪水平度盘连同照准部从基座中取出，以便换置觇牌等，但平时此螺旋必须拧紧。

2. 水平度盘

水平度盘是一个光学玻璃圆盘，圆盘边缘刻有 $0° \sim 360°$ 的刻划（顺时针方向注记）。水平度盘轴套又称外轴。在外轴的下方装有一个金属圆盘，称为复测盘，用以带动水平度盘的转动。

3. 照准部

照准部包括支架、望远镜、横轴、垂直度盘、光学对中器等。照准部的旋转轴即为仪器的纵轴，纵轴插入基座内的纵轴轴套中旋转。

照准部在水平方向的转动，由水平制动螺旋和水平微动螺旋来控制。照准部上有照准部水准管，用以置平仪器。

望远镜的旋转轴称为横轴，它架于照准部的支架上。放松望远镜制动螺旋后，望远镜绕横轴在竖直面内自由旋转，旋紧望远镜制动螺旋后，转动望远镜微动螺旋可使望远镜作微小的上下旋转。

4. 转动控制装置

为了控制仪器各部分间的相对运动，仪器上一般设有三套控制装置：(1) 望远镜的制动螺旋（或制动扳手）和微动螺旋；(2) 照准部的制动螺旋（或制动扳手）和微动螺旋；(3) 水平度盘转动的控制装置。

水平度盘转动的控制装置，目前有两种常用结构：

(1) 水平度盘位置变换手轮

方向经纬仪的水平度盘转动控制装置，是由一根轴和分别装在轴两端的手轮和齿轮组成，安装在照准部的下方（或侧面），齿轮端在照准部内，外面见到

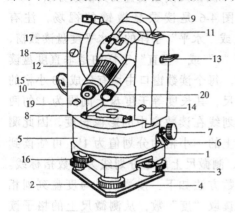

图 4-3　DJ₆-1 型光学经纬仪

1—基座；2—脚螺旋；3—圆盒水准器；4—脚螺旋压板；5—水平度盘外罩；6—水平方向制动螺旋；7—水平方向微动螺旋；8—照准部水准管；9—物镜；10—目镜调焦螺旋；11—粗瞄器；12—物镜调焦螺旋；13—望远镜制动螺旋；14—望远镜微动螺旋；15—反光照明镜；16—度盘变换轮；17—垂直度盘；18—垂直度盘水准管；19—垂直度盘水准管微动螺旋；20—度盘读数显微镜

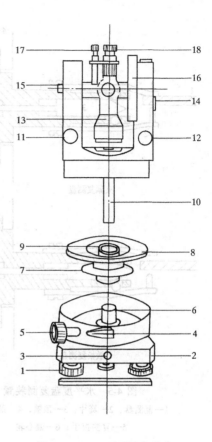

图 4-4　DJ₆-1 型经纬仪分解

1—脚螺旋；2—基座；3—轴套制动螺旋；4—水平方向制动螺旋；5—水平方向微动螺旋；6—纵轴轴套；7—度盘齿轮盘；8—水平度盘；9—水平度盘轴套；10—纵轴；11—望远镜微动螺旋；12—垂直度盘水准管微动螺旋；13—望远镜；14—度盘照明反光镜；15—望远镜制动螺旋；16—垂直度盘；17—度盘读数显微镜；18—望远镜目镜

的是转动用的手轮，见图 4-3 中的 16，装置另一端的齿轮与度盘下方的齿轮盘（见图 4-4 中的 7）可以紧密结合，转动手轮，即带动度盘转动。使用时，推开保护盖（或将手轮压进去），转动手轮，则水平度盘随之转动，待转到需要的位置后，将手松开，重新盖好保护盖以防观测过程中碰动手轮（推压式的手轮则自动退开）。

(2) 复测扳手（按钮）

具有复测装置的经纬仪水平度盘与照准部之间的关系由复测装置来控制。如图 4-5 所示，复测装置的底座固定在照准部外壳上，随照准部一起转动。当复测扳手拨下时，由于偏心轮的作用，使顶轴向后退，在簧片的作用下，使两滚珠之间的距离变小，簧片的间距也缩小，从而把外轴上的复测盘（图 4-4 中 7 的位置换成了复测盘）夹紧，此时，照准部转动时就带动水平度盘一起转动，度盘读数不变。若将复测扳手拨上时，顶轴往里进，使

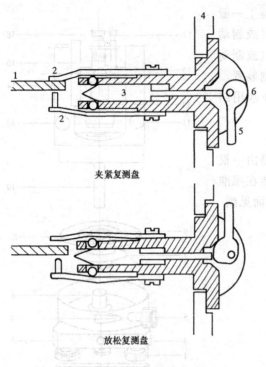

夹紧复测盘

放松复测盘

图 4-5　水平度盘复测装置

1—复测盘；2—簧片；3—顶轴；4—照准部；
5—复测扳手；6—偏心轮

簧片的间距扩大，复测盘与复测装置相互脱离，照准部转动时就不带动水平度盘，读数就相应改变。

二、DJ₆ 级光学经纬仪的读数设备和读数方法

光学经纬仪的读数设备包括度盘、光路系统及测微器。水平度盘和垂直度盘上的分划线，通过一系列棱镜和透镜成像后显示在望远镜旁的读数显微镜内。

1. 测微尺读数装置及其读数方法

图 4-6 是读数显微镜的视场，注有"H"或"水平"字样的是水平度盘读数窗，注有"V"或"竖直"字样的是垂直度盘读数窗。每个读数窗口中均有分成 60 小格的测微尺，其长度等于度盘上间隔为 1°的两根分划线在读数窗中的影像长度，因此测微尺上的一小格的分划值为 1′，可估读到 0.1′，测微尺上的零分划线为读数指标线。其读数方法如下：按测微尺与度盘刻划相交处读取"度"数，从测微尺上的格子读取"分"数，1/10 分的小数用目估读取，

如图 4-6 的水平度盘读数为 73°04′.4 即 73°04′24″，垂直度盘读数为 87°06′.3 即 87°06′18″。

2. 平行玻璃测微器读数装置

我国生产的 DJ₆-1 型光学经纬仪，以及瑞士生产的威尔特 T1 经纬仪等，均采用单平行玻璃测微器读数装置。

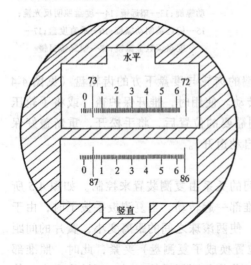

图 4-6　DJ₆ 型经纬仪读数

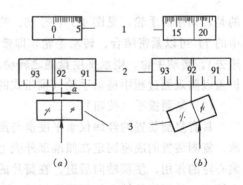

图 4-7　平行玻璃板测微器

1—测微尺；2—度盘；3—平板玻璃

平行玻璃测微器主要由平行玻璃板、测微尺、测微轮和传动装置等组成。转动测微轮，平行玻璃和测微分划尺就绕同一轴转动。图4-7为这种读数设备的原理示意图。当测微分划尺读数为零，平行玻璃的底面水平，光线垂直通过平行玻璃，度盘分划线的像不改变原来的位置，如按读数窗上的双指标线进行读数，应为$92°+a$（图4-7（a））。转动测微轮，平行玻璃转动一个角度后，度盘分划线的像也就平行移动一微小距离，如果双指标线夹住92°分划线的像，如图4-7（b），这时移动量a可以由测微分划尺读出。图4-8为这种读数显微镜中所见到的度盘和测微分划尺的像，实际测角时，转动测微轮使度盘分划线像被指标线夹住，然后读数。整度数根据被夹住的度盘分划线读出，零数从测微分划尺上读取。图4-8（a）中水平度盘读数为15°12′00″，图4-8（b）中垂直度盘读数为91°18′06″。

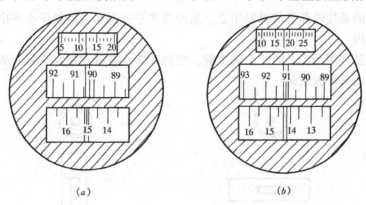

图4-8　DJ_6-1型经纬仪读数

第三节　水平角观测

一、经纬仪的安置

经纬仪的安置包括对中和整平，具体操作方法分述如下：

（一）对中

对中的目的是使仪器的纵轴与过测站的铅垂线一致，对中前先把三脚架放置正确，具体做法是：调整好三脚架腿的长度，张开三脚架，将其安置在测站上，且使架头大致水平，然后把垂球挂在连接螺旋中心的挂钩上，并把连接螺旋大致放在三脚架头的中心，进行初步对中。如果偏离较大，可平移三脚架，使垂球尖大致对准测站点的中心，并将三脚架的脚尖踩入土中。此时，仍要保持架头的大致水平。

从箱中取出经纬仪放在三脚架上，旋紧连接螺旋，进一步对中可利用垂球或光学对中器。

1. 用垂球对中

如果三脚架按上述过程安置，此时垂球尖与测站点间仅有较小的偏差，可稍旋松连接螺旋，两手扶住仪器基座，在架头上移动仪器，使垂球尖准确地对准测站点中心，再将连接螺旋旋紧。用垂球对中的误差一般应小于3mm。

2. 用光学对中器对中

运用光学对中器进行对中的步骤如下：

（1）三脚架架头大致水平且目估初步对中（或利用垂球）；

（2）转动对中器目镜对光螺旋，使对中标志清晰，然后推拉对中镜筒使地面标志点的影像清晰；

（3）旋转脚螺旋，使测站点的影像位于对中标志中的圆圈中心；

（4）运用三脚架的伸缩来调平圆水准气泡，最后再旋转脚螺旋使管水准器气泡精确居中；

（5）检查一下测站点是否仍位于圆圈中心，若相差很小，可稍旋松连接螺旋，在架头上平移仪器，使其精确对中，对中误差应小于1mm。

（二）整平

整平的目的是使经纬仪的纵轴铅垂，从而使水平度盘和横轴处于水平位置，垂直度盘位于铅垂平面内。

整平工作是利用基座上的三个脚螺旋，使照准部水准管在相互垂直的两个方向上气泡都居中，整平的具体做法是：

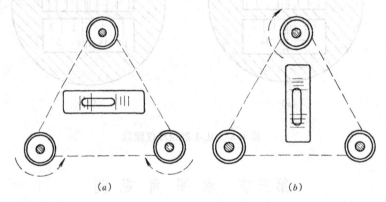

(a)   (b)

图 4-9   仪器整平

（1）先松开水平制动螺旋。转动照准部，使水准管平行于任意两个脚螺旋，如图 4-9（a）所示，两手同时向内（或向外）转动脚螺旋使气泡居中。气泡移动方向与左手大拇指方向一致。

（2）将照准部旋转90°，如图 4-9（b）所示，旋转另一个脚螺旋，使气泡居中。

如果水准管位置正确，则按上述步骤反复1~2次后，当照准部转动到任何位置时，水准管气泡总是居中（容许偏差一格），这时仪器的纵轴铅垂，水平度盘水平。需要说明的是，当采用光学对中器对中，其对中和整平是相互牵连的，所以整平后要检查一下对中情况，通常需要反复1~2次，直到两个条件都能满足。

二、照准目标及瞄准方法

测角时的照准标志，一般是竖立于地面点的标杆、测钎或觇牌（图 4-10）。测水平角时，以望远镜目镜中十字丝的纵丝瞄准目标。望远镜瞄准目标的步骤如下（以水平角观测时的瞄准为例）：

（1）目镜对光：将望远镜对向明亮的背景（如白墙、天空等），转动目镜对光螺旋，使十字丝最清晰。

（2）粗瞄目标：松开望远镜和水平制动螺旋，通过望远镜上的照门和准星对准目标，

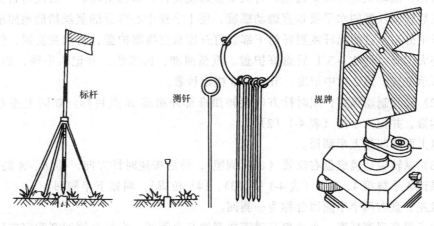

图 4-10 照准标志

然后旋紧制动螺旋。

（3）物镜对光：转动物镜对光螺旋，使目标的影像十分清晰，再旋转望远镜与水平微动螺旋使十字丝纵丝对准目标。如图 4-11 所示。

（4）消除视差：瞄准时要求目标影像与十字丝平面重合，以消除视差。有了视差就不可能精确地瞄准目标。因此进行物镜对光，使目标影像清晰以后，还应左、右微动眼睛，以观察目标影像与十字丝有否相对移动。若有相对移动，则说明存在视差。如果发现存在视差，则需重新进行物镜对光，直至消除视差现象为止。

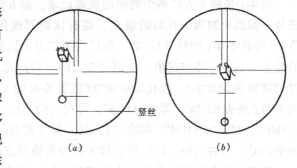

图 4-11 瞄准目标

三、水平角观测方法

（一）方向观测法

测定方向值以计算水平角的方法，叫做方向观测法。

地形测量中测定水平角一般都采用这个方法。最简单的情况是观测只有两个方向的单角。如图 4-12 所示，设 ∠AOB 是要观测的水平角，可先在 A、B 两点竖立标杆或插上测钎。在 O 点整置经纬仪，分别照准 A、B 两点目标，并进行读数（设读数分别为 a 和 b）。按水平角的测量原理，两读数的差就是所要测的水平角值，即：

$$\beta = b - a$$

具体观测步骤如下：

（1）使仪器处于盘左（即观测者面对目镜时垂直度盘在望远镜的左边，也叫正

图 4-12 两个方向的观测法

镜）位置。放松望远镜与照准部制动螺旋，旋转照准部使望远镜指向 A。先用粗瞄器概略照准目标，制动照准部及望远镜，再调节望远镜使目标影像清晰，一般此时目标已在视场中，然后转动仪器的水平及垂直微动螺旋，使十字丝中心部分的竖丝精确地照准（双丝夹或单丝平分） A 点的标杆或测钎的下部。打开度盘变换器护盖，转动变换器，使水平度盘读数略大于 $0°$（约 $2' \sim 3'$）后盖好护盖。重新照准，再读数，并记入手簿，如表 4~1 中 (1) 所示位置。第 2 栏中记度、分；第 3 栏记秒数。

(2) 松开制动螺旋，顺时针方向旋转照准部并照准 B 点目标。如同上述方法精确照准、读数，并记入手簿（表 4-1 (2)）。

以上两步叫做上半测回。

(3) 纵转望远镜成盘右位置（也叫倒镜），然后按逆时针方向，即 B、A 的顺序观测，其结果记入手簿第 4、5 栏（表 4-1 中 (3)、(4) 位置），叫做下半测回。

盘左、盘右两个半测回合称为一测回。

为了提高观测精度，水平角有时需要观测几个测回。在每个测回观测完毕后，应根据测回数将起始方向的度盘读数改变 $180°/n$ 后，再开始下一测回的观测。也就是每个测回的起始方向读数都要改变。如果观测两个测回，第一测回的起始读数安置在略大于 $0°$ 处，第二测回的起始读数应安置在略大于 $90°$ 处。

表 4-1 是两个方向两个测回的观测记录。第 6 栏是计算的半测回方向值。计算方法是把每一测回中的第一方向的盘左、盘右读数都改化成 $0°00'00''$（叫做目标 A 的归零方向值），写在表 4-1 中的 (5) 处，然后将第二方向读数也改正一个相同的数值，得出目标 B 的盘左、盘右归零方向值，分别写在 (6)、(7) 处。如第一测回的盘左，照准左边目标 A 时的读数为 $0°02'24''$，改化成 $0°00'00''$ 就要减去 $02'24''$，所以右边目标 B 的盘左方向值应为 $76°14'12''$ 减去 $02'24''$，即 $76°11'48''$，写在 (6) 处；同理，得 B 的盘右方向值为 $256°14'24''$ $- 180°02'30'' = 76°11'54''$，写在 (7) 处。第 7 栏是一测回方向值，即取上、下两个半测回的平均数，写在 (8)、(9) 处。第 8 栏为各测回方向值的平均数，应写在第一测回后面。

用 DJ_6 型光学经纬仪作上述观测时，同一方向上、下两个半测回方向值较差的限差，一般为 $35''$；同一方向各测回方向值之差的限差一般也为 $35''$。

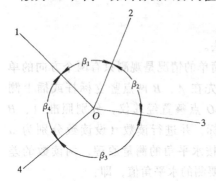

图 4-13　方向观测法

当观测方向超过三个时，方向观测法要作度盘归零观测。如图 4-13，设 O 为测站点，要观测四个方向，以测定各方向之间的水平角——β_1、β_2、β_3、β_4 等。此时，其操作步骤如下：

(1) 在 O 点整置经纬仪，取盘左位置，选择四方向中目标清晰、背景明亮、易于照准的一个方向作为起始方向（即方向 1，也叫零方向）。然后按前述观测、记簿方法，顺时针方向依次观测 1、2、3、4、1 各方向，并将结果记入手簿，参见表 4-2，此即上半测回。重复观测零方向叫做"归零"，两次观测零方向的读数差，叫做归零差（当观测方向为二或三个时，不必归零），见表 4-2 中 $\triangle$ 左、$\triangle$ 右。

(2) 纵转望远镜使仪器为盘右位置，按逆时针方向依 1、4、3、2、1 的顺序观测下半测回，将观测结果记录在表 4-2 中相应位置。

用 DJ$_6$ 型经纬仪观测水平角时，半测回归零差的限差一般为 25″，如归零差不超限，则取半测回中零方向两次读数的中数作为该半测回的零方向读数，如表 4-2 中"（21″）、（24″）"。

同样，如观测 n 个测回，各测回间应变换水平度盘 $180°/n$。

计算半测回方向值时，上半测回应以各方向观测值减去上半测回归零方向值，下半测回则减去下半测回归零方向值。一测回方向值和各测回平均方向值的计算及限差，与前述相同。各项较差如有超限时，则应重测。

表 4-1

观测日期 6 月 21 日　　　　　　　　　　　　　　　　　观测者 李中 天气 晴
开始时刻 15 时 35 分　　　　　　　测站 N7　　　　记录者 刘成 通视 良好
结束时 15 时 55 分　　　　　　　　　　　　　　　　　仪器 DJ$_6$75050

观测点	读 数				半测回方向值	一测回方向值	各测回平均方向值	附注
	盘 左		盘 右					
1	2	3	4	5	6	7	8	9
第一测回								
1.	(1)		(4)		(5)0		(8)0	
2.	(2)		(3)		(6) = (2) - (1)	(9) = 1/2((6) + (7))		
					(7) = (3) - (4)			
第一测回								
1. A	0°02′	24″	180°02′	30″	0°00′00″	0°00′00″	0°00′00″	
2. B	76 14	12	256 14	24	76 11 48	76 11 51	76 11 48	
					54			
第二测回								
1. A	90 01	36	270 01	48	0 00 00	0 00 00		
2. B	166 13	24	346 13	30	76 11 48	76 11 45		
					42			

49

表 4-2 是 4 个方向、两个测回的观测记录。零方向为长山。第一测回上半测回的零方向有两个读数，其差数为 6″，即为上半测回归零差 Δ 左，其平均数 0°02′21″，即为上半测回起始方向读数。

应该特别注意，控制测量中的方向观测法，另有其操作要求。手簿格式与记录、计算亦不相同。

(二) 水平角观测注意事项

(1) 仪器高度要和观测者的身高相适应；三脚架要踩实，仪器与脚架连接要牢固，操作仪器时不要用手扶三脚架，使用各种螺旋时用力要轻。

(2) 要精确对中，特别是对短边测角，对中要求应更严格。

(3) 当观测目标间高低相差较大时，更须注意仪器整平。

(4) 照准标志要竖直，尽可能用十字丝交点处的中丝部分瞄准花杆或测钎底部。

(5) 记录要清楚，当场计算，发现错误，立即重测。

(6) 水平角在同一测回观测中，不得再调整照准部水准管。如气泡偏离中央超过 2 格时，须重新整平仪器，重新观测该测回。

(7) 水平度盘刻度是按顺时针方向注记，因此计算水平角值时，总是以右边方向的读数（设观测者站在欲测角度顶点的外面，面对这个角度）减去左边方向的读数。如不够减，则在右边方向读数上加 360°，再减左边方向读数，决不可倒过来减。

水平方向观测记录（四方向）

表 4-2

观测日期　9 月 10 日　　　　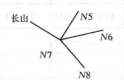　　　观测者　李中　天气　晴
开始时刻　15 时 20 分　　　　　　　　　　　　　记录者　刘成　通视　良好
结束时刻　15 时 40 分　　　　　　　　　　　　　仪器　DJ₆75050
　　　　　　　　　　　　　　　　　　　　　　　测站　N7

观测点	读数				半测回方向值	一测回方向值	各测回平均方向值	附注
	盘左		盘右					
1	2	3	4	5	6	7	8	9
第一测回		(21″)		(24″)				
1. 长山	0° 02′	18″	180° 02′	24″	0° 00′ 00″	0° 00′ 00″	0° 00′ 00″	
2. N5	60 23	30	240 23	30	60 21 09	60 21 08	60 21 11	
					06			
3. N6	107 19	24	287 19	18	107 17 03	107 16 58	107 17 04	
					16 54			
4. N8	189 36	12	09 36	06	189 33 51	189 33 46	189 33 49	
					42			
1. 长山	0 02	24	180 02	24				
	Δ 左	06	Δ 右	0				
第二测回		(36″)		(33″)				

50

观测点	读　数				半测回方向值	一测回方向值	各测回平均方向值	附注
	盘左		盘右					
1	2	3	4	5	6	7	8	9
1. 长山	90° 07′	36″	270° 07′	30″	0° 00′ 00″	0° 00′ 00″		
2. N5	150 28	48	330 28	48	60 21 12	60 21 14		
					15			
3. N6	197 24	42	17 24	48	107 17 06	107 17 10		
					15			
4. N8	279 41	24	99 41	30	189 33 48	189 33 52		
					57			
1. 长山	90 07	36	270 07	36				
	△ 左	00	△ 右	6				

第四节　垂 直 角 观 测

一、观测垂直角的用途

在以下场合需要进行垂直角观测：

（1）如图 4-14 所示，测得两点间的斜距 S' 及垂直角 α，将斜距化为水平距离 S。进行倾斜改正的公式为

$$S = S' \cos\alpha$$

（2）如图 4-15 所示，已知 A、B 两点间的水平距离 S，如要测定 A、B 两点间的高差 h_{AB}，而用水准测量的方法有困难时，则可在 A 点上安置经纬仪，在 B 点上竖立标杆，观测至标杆顶的垂直角 α，用钢尺量出仪器高 i 和目标高 l，按下式计算 A 点至 B 点的高差 h_{AB} 和 B 点的高程 H_B

$$h_{AB} = S \cdot \mathrm{tg}\alpha + i - l$$

$$H_B = H_A + h_{AB} = H_A + S \cdot \mathrm{tg}\alpha + i - l$$

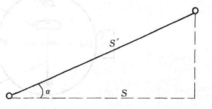

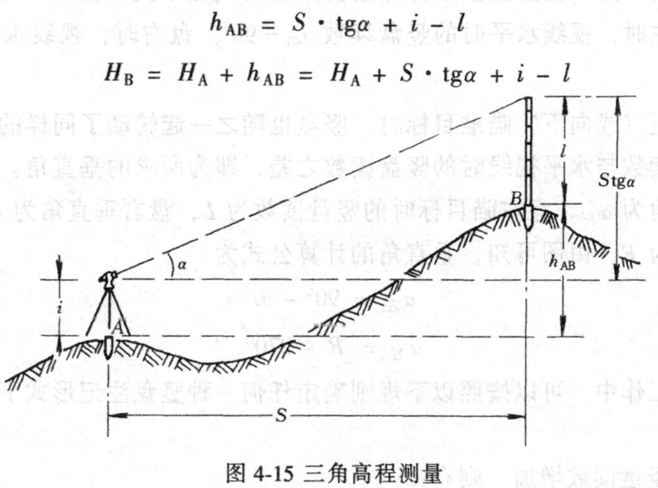

图 4-14　斜距化为平距

图 4-15 三角高程测量

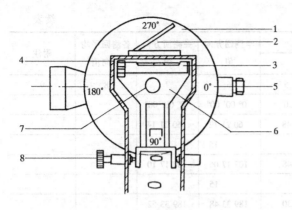

图 4-16 垂直度盘的构造

1—垂直度盘；2—水准管反射镜；3—竖盘水准管；
4—竖盘水准管校正螺旋；5—望远镜目镜；6—竖盘
水准管支架；7—横轴；8—竖盘水准管微动螺旋

上述测量高程的方法称为三角高程测量，这种方法在地形测量中广泛地应用。

二、垂直度盘构造与垂直角观测

（一）垂直度盘构造

如图 4-16 所示，经纬仪上的竖盘固定在望远镜横轴的一端，竖盘的平面与横轴相垂直。

当望远镜瞄准目标而在竖直面内转动时，它便带动竖盘在竖直面内一起转动。竖盘指标是同竖盘水准管连结在一起的，不随望远镜而转动。通过竖盘水准管微动螺旋，能使竖盘指标和水准管

一起作微小的转动。在正常情况下，当竖盘水准管气泡居中时，竖盘指标就处于正确位置。

竖盘刻度通常有 0°～360° 顺时针和逆时针注记两种形式，0° 和 180° 的对径线位于水平方向，如图 4-17 所示。

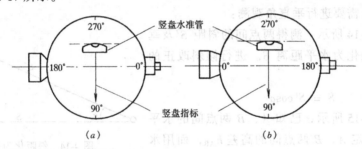

图 4-17 垂直度盘刻划

（二）垂直角计算

竖盘注记不同，则根据竖盘读数计算垂直角的公式也不同，图 4-18 为 0°～360° 顺时针注记的一种。盘左时，视线水平时的竖盘读数 $L_0 = 90°$。盘右时，视线水平时的竖盘读数 $R_0 = 270°$。

当望远镜向上（或向下）瞄准目标时，竖盘也随之一起转动了同样的角度，因此，瞄准目标时的竖盘读数与水平视线时的竖盘读数之差，即为所求的垂直角。

设盘左垂直角为 $\alpha_左$，盘左瞄目标时的竖盘读数为 L，盘右垂直角为 $\alpha_右$，盘右瞄准目标时的竖盘读数为 R，由图可知，垂直角的计算公式为

$$\alpha_左 = 90° - L$$

$$\alpha_右 = R - 270° \tag{4-1}$$

在实际测量工作中，可以按照以下规则确定任何一种竖盘注记形式下垂直角的计算公式。

物镜抬高时竖盘读数增加，则有：

$$\alpha = （瞄准目标时读数）-（视线水平时读数）$$

物镜抬高时竖盘读数减少，则有：

$$\alpha = （视线水平时读数）-（瞄准目标时读数）$$

以上规定，不论何种竖盘形式，也不论是盘左还是盘右都是适用的。

（三）竖盘指标差

从以上介绍竖盘构造及垂直角计算中可以知道，竖盘水准管气泡居中，望远镜的视线水平时（垂直角为零），竖盘读数应为0°或90°的整倍数。但是由于竖盘水准管与竖盘读数指标的关系不正确，使视线水平时的读数与应有读数有个小的角度差 x，称为竖盘指标差，如图4-19所示。由于指标差的存在，使垂直角计算的（4-1）式在盘左时应改为

$$\alpha = 90° - L + x \qquad (4-2)$$

在盘右时应改为

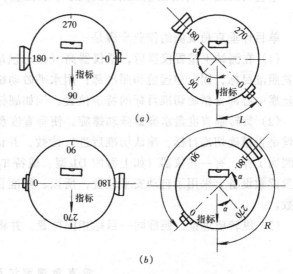

图4-18 竖盘读数与垂直角计算

$$\alpha = R - 270° - x \qquad (4-3)$$

取盘左、盘右测得垂直角的平均值：

$$\alpha = \frac{1}{2}(\alpha_左 + \alpha_右) = \frac{1}{2}[(R - L) - 180°] \qquad (4-4)$$

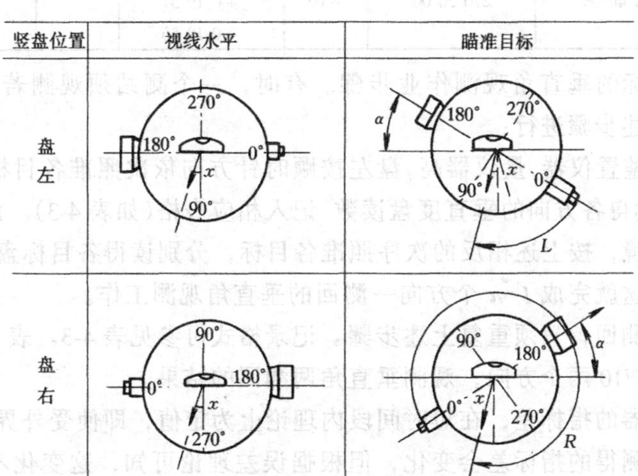

竖盘位置	视线水平	瞄准目标
盘左		
盘右		

图4-19 竖盘指标差

可见取盘左、盘右垂直角的平均值，可以消除竖盘指标差的影响。

将（4-2）式与（4-3）式相减，并除以2，得到竖盘指标差的计算公式：

$$x = \frac{1}{2}(\alpha_左 - \alpha_右) = \frac{1}{2}[(R + L) - 360°] \qquad (4-5)$$

（四）垂直角观测

垂直角观测前应看清竖盘的注记形式，确定垂直角计算公式。

垂直角观测时利用横丝瞄准目标的特定位置，例如标杆的顶部或标尺上的某一位置。

单目标垂直角观测的作业步骤是：

（1）在测站上整置仪器后，量仪器高（标志顶端至仪器水平轴的铅垂距离）；用盘左位置照准目标，固定望远镜和照准部；用水平微动螺旋和望远镜微动螺旋，使十字丝的水平丝靠中心部分精确切准目标的特定位置，例如觇标顶部、标杆顶部等。

（2）旋转垂直度盘水准器微动螺旋，使垂直度盘水准器气泡严密居中；再一次检查水平丝是否精确切准目标，确认切准后进行读数，并记入观测手簿如表4-3。此时完成了上半测回工作。有一些仪器（如上海的 DJ₆ 型、威特 T₁A 型、蔡司 020A 型等经纬仪）的垂直度盘读数设备上采用了自动安平装置，所以，照准目标后 $1 \sim 2s$，补偿器便能稳定，即可读数。

（3）纵转望远镜，照准同一目标相同位置，并将读数记入手簿，即完成了下半测回观测。

垂 直 角 观 测 记 录

表 4-3

测站	觇点	盘左读数	盘右读数	指标差	垂直角	仪器高	觇标高	照准觇标位置
N4	N8	88°05′24″	271°54′54″	+09″	+1°54′45″	1.12	3.62	标顶
		88 05 30	271 54 42	+06	+1 54 36			
					+1 54 40			
标顶								
5.76	N10	89 40 06	270 19 54	+00	+0 19 54		4.10	标顶
		89 40 06	270 20 00	+03	+0 19 57			
					+0 19 56			

以上是一个目标的垂直角观测作业步骤。有时，一个测站须观测若干个方向的垂直角，此时可按照下述步骤进行：

（1）在测站上整置仪器，量仪器高，盘左按顺时针方向依次照准各目标（照准方法与单点观测相同）分别读得各方向的垂直度盘读数，记入相应表格（如表4-3）。此为上半测回。

（2）倒转望远镜，按上述相反的次序照准各目标，分别读得各目标盘右时的垂直度盘读数，记入表格，这就完成了 n 个方向一测回的垂直角观测工作。

若需观测第二测回，只须重复上述步骤。记录格式可参见表4-3。表4-3中是以 N4 为测站，照准 N8 及 N10 两个方向，观测垂直角两测回的结果。

由于同一台仪器的指标差，在短时间段内理论上为定值，即使受外界条件变化和观测误差的影响，实际测得的指标差会变化，但根据误差理论可知，这变化不会超过一定值。所以，规范中都规定了这种变化的限值。对于 DJ₆ 经纬仪一般规定是：同一测站中，指标差的变化不应大于25″。同时，为防止观测错误，还规定同一方向各测回垂直角的较差不应大于25″。

垂直角观测的注意事项有：

（1）水平丝照准目标的部位必须在手簿上注记说明或绘图表示。同一目标必须照准同一部位。

（2）盘左、盘右照准目标时，要使目标影像位于竖丝附近两侧对称的位置上，使纵转前后所用的部位基本一致，以消除水平丝不水平的误差。用水平丝切准目标时，应徐徐转动望远镜微动螺旋求得一次切准，不要来回上下移动。

（3）每次读数前，必须检查垂直度盘水准器气泡是否严密居中。

（4）观测垂直角通常是为了计算两地面点之间的高差，所以应量取仪器高和觇标高（照准点的地面标志顶端至照准部位的铅垂距离）。一般量测两次，读数至0.5cm；两次结果若相差不超过1cm时，取中数为最后结果并记入手簿。

三、竖盘指标自动补偿装置

观测垂直角时，只有当竖盘指标水准管气泡居中，指标才处于正确位置，否则读数就有误差。近年来，一些经纬仪的竖盘指标采用自动归零补偿装置来代替水准管结构，简化了操作程序。当经纬仪的安置稍有倾斜时，这种装置会自动地调整光路使能够读得相当于水准管气泡居中时的竖盘读数。

竖盘自动归零的原理如下：在竖盘成像光路系统中，指标线与竖盘之间悬吊一平行玻璃板，如图4-20（a）。当仪器纵轴竖直、视线水平时，指标读数为90°。当仪器倾斜一个小角度 α（一般在仪器整平的精度范围内，大约小于1′），如果平行玻璃板是固定在仪器上的，它将随仪器倾斜 α 角至虚线位置，如图4-20（b）所示，当视线水平时，指标线读数为 K。实际上由于平行玻璃板是用柔丝悬吊的，它受重力作用摆动至实线位置，平行玻璃板转动了一个 β 角。光线通过转动后的平行玻璃板产生一段平移，而使指标读数仍为90°，即达到自动归零的目的。

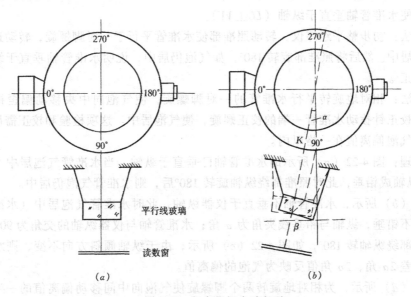

图 4-20　竖盘指标自动归零

第五节　经纬仪的检验和校正

一、经纬仪的轴线及其应满足的条件

经纬仪的轴线如图4-21所示：VV 为纵轴，LL 为水准管轴，HH 为横轴，CC 为视准

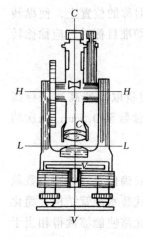

图 4-21　经纬仪的轴线

轴。

纵轴为经纬仪在水平方向旋转的轴线，又称竖轴或仪器旋转轴。水准管轴为通过照准部水准管内壁圆弧中点的切线，气泡居中时，水准管轴处于水平位置。横轴为望远镜的旋转轴，又称为水平轴。视准轴为望远镜中心与十字丝中心的连线，为仪器瞄准目标时的视线。

根据水平角和垂直角观测的原理，经纬仪经过整平以后，其轴线应该满足下列主要条件：

(1) 水准管轴应垂直于纵轴（$LL \perp VV$）；

(2) 视准轴应垂直于横轴（$CC \perp HH$）；

(3) 横轴应垂直于纵轴（$HH \perp VV$）；

(4) 十字丝的竖丝应垂直于横轴。

垂直角观测时，竖盘水准管应满足的条件为：视准轴水平和竖盘水准管气泡居中时，竖盘的读数应为 0°或为 90°的倍数。这个条件归纳为：

(5) 竖盘指标差应为零。

上述这些条件在仪器出厂时一般是能满足的，但经过长期使用或受到振动，这些条件也可能变动。所以要经常对仪器进行检验和校正。

二、经纬仪的检验和校正

(一) 照准部水准管的检验和校正

目的：使水准管轴垂直于纵轴（$LL \perp VV$）。

检查方法：初步整平经纬仪，转动照准部使水准管平行于一对脚螺旋，转动这一对脚螺旋使气泡居中。然后将照准部旋转 180°，如气泡仍居中，说明水准管轴垂直于纵轴，否则应进行校正。

校正方法：相对地旋转平行水准管的一对脚螺旋，使气泡向中央移动偏歪格数的一半；然后用校正针拨动水准管一端的校正螺旋，使气泡居中。这项检验和校正需反复进行几次，直到气泡偏离值在一格以内。

检校原理：图 4-22 (a) 所示的水准管轴已垂直于纵轴，当水准管气泡居中（水准管轴水平），纵轴成铅垂，此时照准部绕纵轴旋转 180°后，则水准管气泡仍居中。

图 4-22 (b) 所示，水准管轴不垂直于仪器纵轴，此时水准管气泡居中（水准管轴水平）而纵轴不铅垂，纵轴与铅垂线夹角为 α 角；水准管轴与仪器纵轴的交角为 90°±α。

将照准部绕纵轴转 180°，如图 4-22 (c) 所示，由于纵轴倾斜方向不变，则水准管轴与水平线相差 2α 角，2α 角值反映为气泡的偏离值。

图 4-22 (d) 所示，为相对地旋转两个脚螺旋使气泡向中间移动偏离值的一半。此时纵轴已铅垂，但水准管气泡尚未居中，即水准管轴尚未与纵轴垂直。图 4-22 (e) 所示，拨动水准管校正螺丝使气泡居中，则水准管轴与纵轴相垂直。

(二) 十字丝的检验和校正

1. 十字丝位置的检验和校正

目的：仪器整平后，十字丝的纵丝在铅垂面内，横丝水平。

检查方法：以十字丝的交点瞄准一个明显的点 P，旋转水平微动螺旋，如 P 点左、

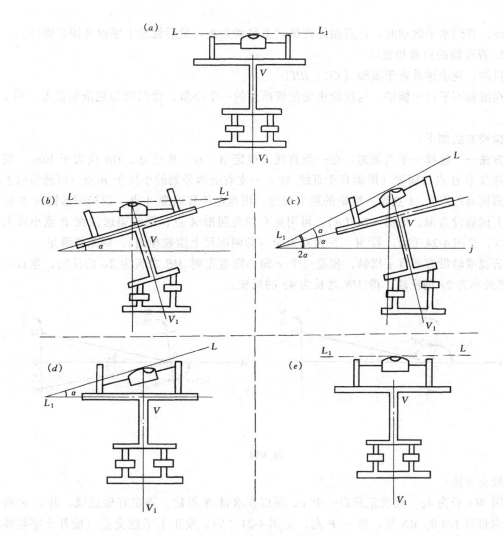

图 4-22　照准部水准管的检校

右移动的轨迹明显偏离横丝则需校正，如图 4-23 (a)。

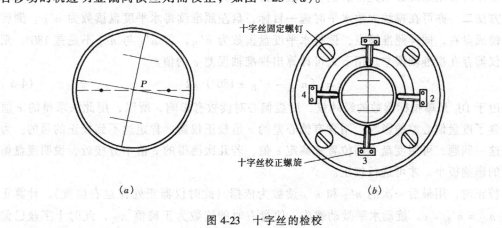

图 4-23　十字丝的检校

校正方法：卸下目镜处的外罩，松开 4 个十字丝环固定螺钉 (图 4-23 (b))，转动十字丝环，直到水平微动时，P 点始终在横丝上移动为止，最后旋紧十字丝环固定螺钉。

2. 视准轴的检验和校正

目的：视准轴垂直于横轴（$CC \perp HH$）

视准轴不平行于横轴，与理论正交位置所差的一个小角，我们称为视准轴误差，用 c 表示。

检校方法如下：

方法一 选择一平坦场地，在一条直线上确定 A、O、B 三点，OB 应大于 10m，安置经纬仪于 O 点，横置（即垂直于直线 AB）一支有毫米分划的小尺于 B 点（可选墙面上与仪器同高的点），A 点设一精确的照准标志。用盘左位置照准 A 点，倒转望远镜在 B 点小尺上读数设为 M，见图 4-24（a）。再用盘右位置照准 A 点，倒转望远镜在 B 点小尺上读得 N，见图 4-24（b）。若 M、N 两点重合（即两次尺上读数相同），则条件满足。

若视准轴没有垂直于横轴，相差一个 c 角，则盘左时 MB 之长为 $2c$ 的反映，盘右时 NB 之长亦为 $2c$ 的反映，即 MN 之长为 $4c$ 的反映。

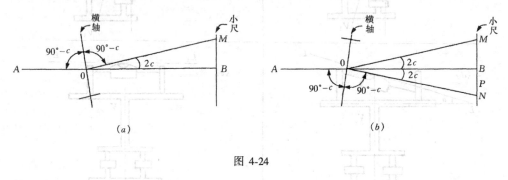

图 4-24

校正方法：

因 MN 长为 $4c$，而校正只需一个 c，所以在求得 N 点后，固定好望远镜，并由 N 向 M 方向量取 1/4 的 MN 长，得一 P 点，见图 4-24（b），校正十字丝交点（旋开十字丝环护盖，将十字丝左右校正螺旋一松一紧），使它精确对准 P 点，然后旋上护盖即可。注意，校正时校正螺旋必须先松后紧，并最后都顶紧为止。

方法二 亦可在视线大致水平时选一目标，盘左照准读得水平度盘读数为 $n'_\text{左}$，倒转望远镜成盘右，同样照准该点，读得水平度盘读数为 $n'_\text{右}$，若 $n'_\text{左}$ 与 $n'_\text{右}$ 不是差 180°，则说明仪器存在视准轴误差。用下式可计算出视准轴误差 c 的值。

$$c = (n'_\text{左} - n'_\text{右} \pm 180°)/2 \tag{4-6}$$

由于 DJ$_6$ 是单指标读数的经纬仪，度盘偏心对读数有影响，所以，用此法求得的 c 值中包含了度盘偏心差的影响，用含有偏心差的 c 值校正仪器，肯定达不到校正的目的。为克服这一问题，可用度盘不同位置来测定 c 值，若几次测得的 c 值十分接近，说明度盘偏心差的影响极小，才可进行校正。

校正时，用最后一次的 $n'_\text{左}$ 和 $n'_\text{右}$ 读数为依据（此时仪器正处在盘右位置），计算正确值 $n_\text{右} = n'_\text{右} + c$，旋动水平微动螺旋，使盘右时的读数为正确值 $n_\text{右}$，此时十字丝已偏离目标点，与上述相同，校正十字丝使其精确对准目标点。

若此法测得的 c 值相差较大，只能用第一种方法检校。

例：整置仪器后使望远镜大致水平。用盘左、盘右位置分别照准同一目标，得度盘读数为 $n'_左 = 18°03'30''$，$n'_右 = 198°09'42''$。

故按（4-6）式可得 c 值为：

$$c = （18°03'30'' - 198°09'42'' + 180）/2 = -3'06''$$

此时，盘右的正确读数为：

$$n_右 = n'_右 + c = 198°09'42'' - 3'06'' = 198°06'36''$$

（三）横轴的检验和校正

目的：使横轴垂直于纵轴（$HH \perp VV$）

检查方法：在离墙 10～20m 处安置经纬仪，整平仪器后，以盘左瞄准墙面高处的一点 P（其仰角宜在 30°左右），固定照准部，然后大致放平望远镜，在墙面上定出一点 A，如图 4-25（a）所示。同样再以盘右瞄准 P 点，放平望远镜，在墙面上定出一点 B，见图 4-25（b）所示。如果 A 点和 B 点不重合，说明横轴不垂直于纵轴，需进行校正。纵轴铅垂而横轴不水平，横轴与水平线的交角 i 称为横轴误差。

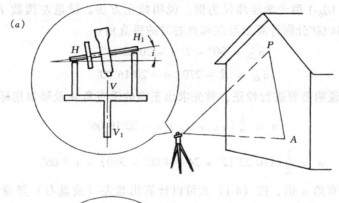

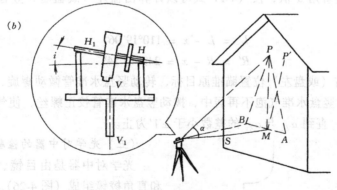

图 4-25　横轴的检校

校正方法：取 AB 的中点 M，以盘右（或盘左）位置瞄准 M 点，抬高望远镜，此时视线必然偏离 P 点，可拨动支架上的偏心板，使横轴的右端升高或降低（图 4-25（b）中，应降低横轴 H_1 的一端），使十字丝中心对准 P 点，这时，横轴误差 i 已消除，横轴水平。对于光学经纬仪此项条件一般能满足，使用时通常只作检验，若要校正需由仪器检修人员进行。

检校原理：如果横轴垂直于纵轴，当纵轴铅垂时，横轴水平，此时，望远镜的视准轴上下转动时将在一个垂直面内，盘左、盘右分别瞄准高处一点 P 时，PA、PB 应该在同一垂直面内，故墙上定出的 A、B 两点重合。

如果横轴不垂直于纵轴，而倾斜了一个 i 角，此时望远镜上下转动在一倾斜面内。由于在盘左、盘右观测时，横轴误差 i 角大小相同、方向相反，所以取 A、B 的中点 M。而 P 和 M 的连线必定为铅垂方向，为此在校正时是先转动照准部瞄准 M 点，抬高望远镜后，校正横轴一端，使十字丝对准 P 点。

由上述检校原理可知，盘左、盘右瞄准同一目标而取其读数的平均值，可以抵消横轴误差的影响。

(四) 竖盘指标差的检验和校正

目的：消除竖盘指标差 x。

检查方法：仪器整平后，盘左、盘右分别用横丝瞄准高处一目标，各在竖盘水准管气泡居中时读取竖盘读数，算得垂直角 $\alpha_左$ 与 $\alpha_右$，如果 $\alpha_左 = \alpha_右$，说明指标差为零；如果 $\alpha_左 \neq \alpha_右$，即有指标差存在。按 (4-5) 式求出 x 值，如 x 值超过 ±30″，则需要校正。

校正方法：以 DJ_6-1 型光学经纬仪为例，说明校正方法。设盘左读数 $L = 110°22'12″$，盘右读数 $R = 249°44'00″$ 分别计算出盘左和盘右时的垂直角：

$$\alpha_左 = 90° - L = -20°22'12″$$

$$\alpha_右 = R - 270° = -20°16'00″$$

由于 $\alpha_左 \neq \alpha_右$，则说明需要进行校正，首先求出正确的垂直角 α 及竖盘指标差 x：

$$\alpha = \frac{1}{2}(\alpha_左 + \alpha_右) = -20°19'06″$$

$$x = \frac{1}{2}(110°22'12″ + 249°44'00″ - 360) = +3'06″$$

根据正确的垂直角 α 值，按 (4-1) 式可以计算出盘左 (或盘右) 竖盘应有的正确读数：

$$L' = L - x = 110°19'06″$$

$$R' = R - x = 249°40'54″$$

校正时，盘右 (或盘左) 位置瞄准原目标，转动竖盘水准管微动螺旋，使竖盘读数为 R' (或 L')。此时竖盘水准气泡不再居中，拨动竖盘水准管校正螺丝，使气泡居中。此项检校需反复进行，直到 $\alpha_左$ 与 $\alpha_右$ 的差数小于 ±1′ 为止。

(五) 光学对中器的检验和校正

光学对中器是由目镜、分划板、物镜和直角棱镜组成 (图 4-26)，分划板刻划圈中心与物镜的光心的连线是对中器的视准轴。光学对中器的视准轴经直角棱镜折射后应与仪器的纵轴重合，否则会产生对中误差，影响测角精度。

检验：仪器架于一般工作高度，严格整平仪器，在脚架的中央地面放置一张白纸，在白纸上画一十字形的标志 A。移动

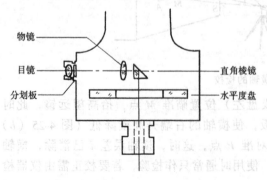

图 4-26　光学对中器的结构

物镜

目镜

分划板

直角棱镜

水平度盘

白纸，使对中器视场中的小圆圈中心对准标志，将照准部在水平方向旋转180°，如果小圆圈中心偏离标志而得到另一点 A'，则说明对中器的视准轴没有和仪器的纵轴相重合。

校正：定出 A、A'两点的中点 O，转动对中器的校正螺旋使分划板刻划圈中心对准 O点。这项校正一般亦需由仪器检修人员进行。

第六节　水平角观测的误差分析

一、仪器自身误差

1. 照准部偏心差

照准部旋转中心应该与水平度盘中心重合，若不重合，则存在照准部偏心差，这项误差属于仪器制造误差。通过取同一方向盘左、盘右读数的平均值，可以消除该项误差的影响。

2. 度盘刻划误差

度盘刻划误差是指度盘分划不均匀所造成的误差，就现代仪器加工水平而言，此项误差一般很小，在水平角观测过程中，采用测回之间变换度盘位置的方法可减小其影响。

二、仪器校正不完善的误差影响

经纬仪各轴线之间，如果不满足应有的几何条件，将会产生仪器误差，经过校正后仍会存在一些残余误差。一方面要注意仔细、认真地检查与校正，另一方面可通过采用正确的观测方法消除大部分仪器残余误差的影响。其中，视准轴不垂直于横轴，横轴不垂直于竖轴的残余误差对水平角观测的影响，以及竖盘指标差的残余误差对垂直角观测的影响，均可采用盘左、盘右结果取平均值的方法来消除。

三、仪器对中误差与目标偏心误差的影响

1. 仪器对中误差影响

由于安置经纬仪时对中不准确，所引起的水平角误差，即为仪器对中误差对水平角观测的影响。

如图 4-27 所示，B 为测站点，B' 为观测时仪器安置中心，$BB' = e$ 为仪器的偏心距，θ 为观测的起始方向与偏心方向的夹角，称为偏心角。

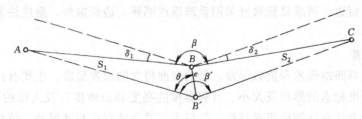

图 4-27　仪器对中误差影响

观测角值 β' 与正确角值 β 之间的关系式为：

$$\beta = \beta' + (\delta_1 + \delta_2)$$

在 $\triangle ABB'$ 和 $\triangle CBB'$ 中，δ_1、δ_2 为小角度，其正弦值可用其弧度代替，因此

$$\delta_1 = \frac{e\sin\theta}{S_1} \cdot \rho''$$

$$\delta_2 = \frac{e\sin(\beta' - \theta)}{S_2} \cdot \rho''$$

仪器对中误差对水平角的影响为

$$\Delta\beta = \delta_1 + \delta_2 = e\rho''\left[\frac{\sin\theta}{S_1} + \frac{\sin(\beta' - \theta)}{S_2}\right] \tag{4-7}$$

由上式可知：

（1）当 β 和 θ 一定时，δ_1、δ_2 与偏心距 e 成正比，即偏心距愈大，则 $\Delta\beta$ 亦愈大。

（2）当 e 和 θ 一定时，$\Delta\beta$ 与所测角的边长 S_1、S_2 成反比，即边长愈短，$\Delta\beta$ 愈大。因此对短边测角必须十分注意仪器的对中。

（3）当偏心距 e 与边长 S 一定时，$\Delta\beta$ 与 β 和 θ 角的大小有关，当 β 接近 $180°$ 和 θ 接近 $90°$ 时，$\Delta\beta$ 为最大。

例：设 $\beta' = 180°$，$\theta = 90°$，$e = 3\text{mm}$，$S_1 = S_2 = 100\text{m}$

$$\Delta\beta = \frac{2 \times 3 \times 206265}{100 \times 10^3} = 12.4''$$

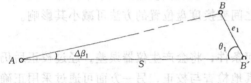

图 4-28　目标偏心误差影响

2. 目标偏心误差的影响

目标偏心误差的影响是由于照准点上所竖立的目标（例如标杆、测钎等）与地面点的标志中心不在同一铅垂线上所引起的测角误差。如图 4-28 所示，A 为测站点，B 为照准点的标志中心，S 为两点间距离，B' 为照准的目标中心，e_1 为目标的偏心距，θ_1 为观测方向与偏心方向的夹角，称为目标的偏心角，则目标偏心误差对水平角的影响为

$$\Delta\beta_1 = \frac{e_1\sin\theta_1}{S}\rho'' \tag{4-8}$$

从式（4-8）可以看出，垂直于瞄准方向的目标偏心影响最大，并且与目标偏心距 e_1 成正比，与边长 S 成反比。

为了减少目标偏心对水平角观测的影响，作为照准目标的标杆应竖直，并尽量照准标杆的底部。对于短边，照准目标最好采用垂球线或测钎。边长愈短，愈应注意目标的偏心误差。

四、观测误差

观测误差包括照准误差和读数误差。影响照准精度的因素很多，主要有：望远镜的放大率、目标和照准标志的形状及大小、目标影像的亮度和清晰度以及人眼的判断能力等。所以，尽管观测者认真仔细地照准目标，但仍不可避免地存在照准误差，故此项误差无法消除，只能通过改善影响照准精度的因素，认真完成照准操作以减小这项误差的影响。

五、外界条件的影响

外界条件影响因素很多，也很复杂。如大风、温度变化、大气折光、雾气、烈日暴晒、地面土质松软等因素均会对角度观测产生影响，带来误差。为了削弱此类误差的影响，应选择有利的观测时间和设法避开不利的观测条件。例如：在晴天观测时，要撑伞遮住阳光，防止暴晒仪器。

第七节　电子经纬仪

最近几年，电子经纬仪作为商品出现，标志着经纬仪的发展到了一个新的阶段，它为测量工作自动化创造了有利条件。由于电子经纬仪能自动显示角值，因而使作业人员的劳动强度大大降低，仪器使用方便，工作效率高，同时又提高测量精度。电子经纬仪、光电测距仪和数字记录器组合后，即成电子速测仪（又称全站型仪器），能自动记录、计算和存贮测量数据。如再配以适当的接口还可把野外采集的数据直接输入计算机内进行计算和绘图。

电子经纬仪在结构及外观上和光学经纬仪相类似，主要不同点在于读数系统采用了光电扫描和电子元件进行自动读数和液晶显示。图4-29为瑞士威尔特厂生产的 T-2000 型电子经纬仪。

电子经纬仪的光电读数装置有下列几种系统：编码度盘测角系统、光栅度盘测角系统和动态测角系统。今分述如下：

一、编码度盘测角系统

利用编码度盘测角时光电读数设备的基本原理如下：

图 4-29　T-2000 电经纬仪

光学编码度盘是在光学度盘刻度圈全周设置等间隔的透光与不透光区域，简称白区与黑区，由它们组成的分度圈称为码道（图4-30）。一个编码度盘有很多同心的码道，码道愈多，则编码盘的角度分辨率也愈高。

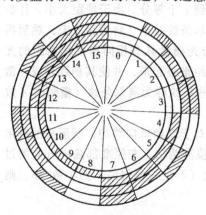

电子计数采用二进制编码方法。最外圈码道的权为1，相当于二进制的第一位数，以后各位的权按 2、2^2、2^3……增加；译码时，只需将每一码道的数乘以各自的权后再相加即可得到十进制数。例如，某一码区的二进制数为 1011，则其相应的十进制数为 $1 \times 8 + 0 \times 4 + 1 \times 2 + 1 \times 1 = 11$。

利用码盘上的白区与黑区表示二进制代码"0"和"1"。若要在度盘上读出四位二进制数，则需在度盘上刻四道同心圆环，称为四条码道，表示四位二进制数码，在度盘最外圈刻的是透光和不透光相同的 16 格，如图4-30。对于二进制码，当码道数为 n 时，码区数为 2^n 个。显然，码道愈多，码区数就

图 4-30　四位编码度盘

愈多，每一码区所表示的角度范围也就愈小。因此，编码盘的角度分辨率可表示为 $360°/2^n$。

为了读取各个分区的编码数，需在编码度盘的每个码道的一侧设置半导体发光二极管，另一侧设置光敏二极管，它们严格地沿度盘半径方向排成一直线。当发光二极管发出的光通过码盘产生透光或不透光信号，被光敏二极管接收，由光电转换器件转换成"0"

或 "1" 的电信号，再送到处理单元，经过处理后，以十进制数或 60 等分制自动显示读数角值。

二、光栅度盘测角系统

均匀地刻有许多等间隔狭缝的圆盘，称为光栅盘。刻在圆盘上的由圆心辐射的等角距光栅称为径向光栅（圆光栅），如图 4-31，栅距所对应的圆心角即为栅距的分划值。电子经纬仪采用圆光栅，光栅的线条处为不透光区，缝隙处为透光区。在光栅盘上下对应位置装上照明器和光电接收管，则可将光栅的透光与不透光信号转变为电信号。若照明器和接收管随照准部相对于光栅盘移动，则可由计数器累计求得所移动的栅距数，从而得到转动的角度值。因为它是累计计数，因而称这种系统为增量式读数系统。

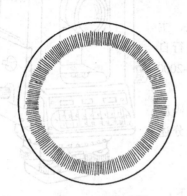

图 4-31　径向光栅

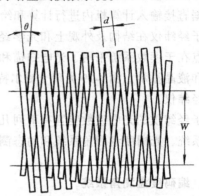

图 4-32　光栅莫尔条纹

一般光栅的栅距都很小，而分划值仍然较大。例如在 80mm 直径的度盘上刻有 12500 条线（刻线密度为 50 线/mm），其栅距的分划值为 $1'44''$，为了提高测角精度，还必须对栅距进行细分，即将一个栅距用光电的方法细分成几十到上千等分。由于栅距太小，计数和细分都不易正确，所以在光栅测角系统中都采用了莫尔条纹技术，将栅距放大，然后再进行细分和计数。产生莫尔条纹的方法是：取一小块与光栅盘具有相同密度和栅距的光栅，称为指示光栅，若将指示光栅与光栅盘以微小的间距重叠起来，并使其刻线互成一微小的夹角 θ，这时就会出现放大的明暗交替的条纹，这些条纹称为莫尔条纹（栅距由 d 放大到 W）如图 4-32 所示。

测角过程中，转动照准部时，同时带动指示光栅相对于度盘横向移动，所形成的莫尔条纹也随之移动。设栅距的分划值是 δ，则纹距的分划值亦为 δ，在照准部瞄准方向的过程中，可累计出移动条纹的个数 n 和计数不足整条纹距（不足一分划值）的小数 $\Delta\delta$，则角度值 φ 可写为

$$\varphi = n\delta + \Delta\delta$$

瑞士克恩（Kern）厂的 E1 型和 E2 型电子经纬仪，即采用光栅度盘。

三、动态测角系统

光电扫描动态测角系统的示意图如图 4-33 所示，度盘刻有 1024 个分划，两条分划条纹的角距为 φ_0，则

$$\varphi_0 = \frac{360°}{1024} = 0.3515625° = 21'05''.625$$

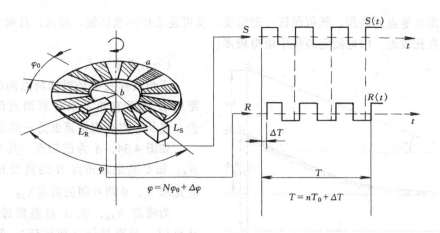

图 4-33 动态测角原理

φ_0 即为光栅盘的单位角度。

在光栅盘条纹圈外缘，按对径位置设置一对与基座相固联的固定检测光栅 L_S；在靠近内缘处设置一对与照准部相固联的活动检测光栅 L_R（图 4-33 中仅画出其中的一个）。对径设置的检测光栅可用来消除光栅盘的偏心差。φ 表示望远镜照准某方向后 L_S 和 L_R 之间的角度。由图 4-33 可以看出：

$$\varphi = N \cdot \varphi_0 + \Delta\varphi$$

式中 N 为 φ 角内所包含的条纹间隔数(单位角度数)，$\Delta\varphi$ 为不足一个单位角度 φ_0 的零数。

仪器在测角时，光栅盘由马达驱动绕中心轴作匀速旋转，计取通过两个指示光栅间的分划信息，通过粗测与精测而求得角值。

(1)粗测：即求出 φ_0 的个数 N。在度盘同一径向的外内缘上设有两个标记 a 和 b，度盘旋转时，从标记 a 通过 L_S 时起，计数器开始记取整间隙 φ_0 的个数，当另一个标记 b 通过 L_R 时计数器停止计数，此时计数器所得到的数值即为 φ_0 的个数 N。

(2)精测：即 $\Delta\varphi$ 的测量。分别通过光栅 L_S 和 L_R 产生两个信号 S 和 R，$\Delta\varphi$ 可由 S 和 R 的相位差求得。精测开始后，当某一分划 1 通过 L_S 时开始精测计数，计取通过的计数脉冲的个数，一个脉冲代表一定的角度值（例如 $2''$），而另一分划继而通过 L_R 时停止计数。由计数器中所计的数值即可求得 $\Delta\varphi$，度盘一周有 1024 个间隔，每一个间隔计一次 $\Delta\varphi$ 的数，则度盘转一周可测得 1024 个 $\Delta\varphi$，然后取平均值，可求得最后的 $\Delta\varphi$。测角精度完全取决于精测的精度。

粗测、精测数据由微机处理器进行衔接处理后即得角度值，然后自动显示。动态测角系统是一种较好的测角系统。

第八节 三 角 高 程 测 量

一、三角高程测量原理

在第三章中讨论了用水准测量测定地面点高程的原理和方法。水准测量方法虽然精度较高，但作业量较大，工作效率较低且受地形高低起伏的限制，有时甚至很难施测。因此，当测区内有足够的由水准测量测得高程的埋石点作为高程起算点时，采用三角高程测量方法测定其他点的高程，既可保证一定精度，又可使工作迅速简便。所以，目前三角高程测量法在丘陵地、山地测定高程中用得较多。

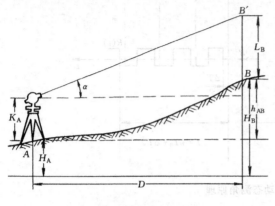

图 4-34 三角高程测量

（一）基本公式

三角高程测量是根据两点间的水平距离 D 和垂直角 α 来计算两点间的高差，再从一点高程推算出另一点高程。

如图 4-34，A 为已知点，其高程为 H_A。如要测定未知点 B 的高程 H_B，则应先求 A、B 两点间的高差 h_{AB}。

为测定 h_{AB}，在 A 点整置经纬仪，B 点树立照准目标（如标杆）。测出垂直角 α_{AB}，并量出仪器高 K_A 和目标高 L_B。设 A、B 两点间的水平距离为 D（一般可由 A、B 两点坐标反算求得），由图 4-34 可得

$$h_{AB} + L_B = D \cdot \mathrm{tg}\alpha_{AB} + K_A$$

即

$$h_{AB} = D \cdot \mathrm{tg}\alpha_{AB} + K_A - L_B$$

因而，B 点的高程为

$$H_B = H_A + h_{AB} = H_A + (D \cdot \mathrm{tg}\alpha_{AB} + K_A - L_B) \qquad (4\text{-}9)$$

式中　垂直角 α 是带符号的，仰角为正；俯角为负。

上述在已知点设测站观测未知点的方法，叫做直觇。如果在未知点设站观测已知点，就叫反觇。此时，其计算式为：

$$H_B = H_A - h_{BA} = H_A - (D \cdot \mathrm{tg}\alpha_{BA} + K_B - L_A) \qquad (4\text{-}10)$$

式中　K_B 为 B 点的仪器高；L_A 为在 A 点的目标高；α 仍是仰角为正，俯角为负。

如果观测时使目标高等于仪器高（$L = K$），则式（4-9），（4-10）可简化为

直觇：$\qquad\qquad\qquad H_B = H_A + D \cdot \mathrm{tg}\alpha_{AB}$

反觇：$\qquad\qquad\qquad H_B = H_A - D \cdot \mathrm{tg}\alpha_{BA}$

（二）地球弯曲差和大气折光差

水准测量误差中所述的地球弯曲与大气折光影响问题，在三角高程测量中则是不可忽视的。

如图 4-35，AE 为过 A 点的水平线，AF 在过 A 点的水准面上，则 EF 就是以水平面代替水准面对高差产生的影响，叫做地球弯曲差（简称球差）。由图可知，过测站点的水平线总是在过测站点的水准面之上的，亦即若以水平面代替水准面，则总是抬高了高差起算面。因此，对高差的影响在观测仰角时使高差减小，故需加上球差改正；观测俯角时使高差增大。因俯角时高差为负，但仍应加球差改正。这就是说，在高差计算中，球差改正数的符号恒为正。

当在 A 点观测 M 时，照准轴本应位于 $A'M$ 直线上。但由于大气折光的影响，使视线成为弧线，照准轴实际位于 $A'M$ 的切线即 $A'M'$ 方向上。所测垂直角 α 是 $A'M'$ 与水平线的

夹角。以此 α 计算高差时，就将 M 抬高到 M'。MM' 叫做大气折光差（简称气差）。由图不难看出：抬高目标照准部位，相当于降低高差起算面。所以，气差对高差的影响与球差的影响正好相反。即在高差计算中，气差改正数的符号恒为负。

由图 4-35 可得，考虑球差与气差影响的高差计算式为

$$h_{AB} = FE + EG + GM' - MM' - BM$$

$$= D \cdot \mathrm{tg}\alpha_{AB} + K_A - L_B + (FE - MM')$$

$$= D \cdot \mathrm{tg}\alpha_{AB} + K_A - L_B + r \tag{4-11}$$

式中 r——两差改正数。

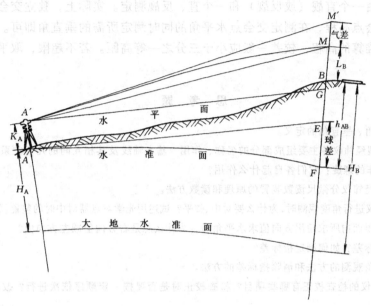

图 4-35 地球弯曲差和大气折光差

由于球差比气差大得多，所以 r 恒为正。

r 值的计算式为

$$r = \frac{D^2}{2R} \cdot (1 - k)$$

式中 R——地球半径；

k——折光系数。

k 的数值随地区及某些观测条件的变化而异。精确测定 k 值是提高三角高程测量精度的关键问题。不过，在地形测量中只需取平均值就能满足要求了。通常可取 k 值为 0.11。在实际工作中，当两点距离超过 400m 时，则应加两差改正数。

（三）实际计算公式

无论直觇或反觇，顾及两差改正的高差计算公式都是

$$h = D \cdot \mathrm{tg}\alpha + K - L + r \tag{4-12}$$

至于高程计算式，则可写为

直觇： $\qquad H_B = H_A + h_{AB} = H_A + D \cdot \mathrm{tg}\alpha_{AB} + K_A - L_B + r \tag{4-13}$

反觇：
$$H_B = H_A - h_{BA} = H_A - D \cdot \text{tg}\alpha_{BA} - K_B + L_A - r \tag{4-14}$$

上式系以 A 为已知高程点，B 为未知高程点。直觇时测站在 A 点；反觇时测站在 B 点。

在作业中为了提高精度，可在 A、B 两点设站，进行直、反觇观测，分别计算高差。若较差不超限，则取两高差绝对值的平均值。高差符号以直觇为准来推算高程。

直、反觇观测又叫对向观测，它可使两差改正的误差基本自行抵消。

二、独立交会高程点

独立交会点的高程，可由三个已知点的单觇测定；也可由一个已知点的单觇和另一已知点的复觇测定。例如：后方交会点可由三个反觇测定；前方交会点可由三个直觇测定；侧方交会点可由一个直觇（或反觇）和一个直、反觇测定。实际上，独立交会高程通常亦多用于测定交会点高程，在测定交会点水平角的同时测定所需的垂直角即可。

三个单觇推算的高程，较差一般应小于三分之一等高距。若不超限，取平均值作为最后结果。

思 考 题

1．试述水平角、垂直角的定义。

2．试述 DJ_6 型经纬仪各主要组成部分的名称、作用、基本轴线及其相互间的几何关系。经纬仪上有哪些用于观测操作的螺旋？它们各自起什么作用？

3．试述光学经纬仪分微尺读数装置的原理和读数方法。

4．安置经纬仪进行角度观测时，为什么要对中、整平？试述用光学对点器对中时的整置仪器操作方法。

5．当位于角顶面向所求角用方向值求水平角时，为什么总是右方向值减左方向值？

6．什么叫指标差？如何测定指标差？

7．试述垂直角观测的方法和消除指标差的方法。

8．DJ_6 型经纬仪的检查校正有哪些项目？检查校正时是否要按一定顺序依次进行？改换一下顺序行吗，为什么？

9．测角时由于仪器而产生的误差有哪些？其中哪些误差可以采用正倒镜的观测方法使其自行抵消？

10．试述三角高程测量中"两差"的含义及其对高差的影响。

11．独立交会高程点和多角高程导线敷设的方法有何不同？各适用于什么情况？

习 题

1．整理表 4-4 中水平角观测的各项计算。并求出图 4-36 中的 α、β 和 γ。

表 4-4

观测点	读 数				半测回方向值	一测回方向值	各测回平均方向值	附注
	盘 左		盘 右					
第一测回								
1．树北	00° 01′	12″	180° 01′	18″				
2．B202	96 53	06	276 53	00				
3．B203	143 32	48	323 32	48				
4．B204	214 06	12	34 06	06				
1．树北	00 01	24	180 01	18				

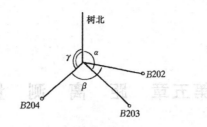

图 4-36

2. 整理表 4-5 中垂直角观测的各项计算。

垂 直 角 观 测 记 录   表 4-5

测站	觇点	盘左读数	盘右读数	指标差	垂直角	仪器高	觇标高	照准觇标位置
	A	75°30′06″	284°30′12″			1.35m	2.26m	
E	B	101 17 24	258 42 48				1.78	
	C	82 00 24	277 59 54				3.58	

第五章 距 离 测 量

第一节 钢 尺 量 距

一、地面点的标志及直线定线

(一)地面点的标志

测量工作的基本作业之一,就是在地面上用一定的标志明确标定出一个点的位置。

短期临时的地面点的标志,可用长20~30cm、一端削尖的小木桩打入土中。木桩上部露出地面几厘米,并在木桩顶端面中央画有"+"字或钉一铁钉,以表示地面点的精确位置。如图5-1所示。

若地面点需要长期或永久保存时,一般采用石桩或混凝土标石。桩顶刻有"+"字,或用铜、铸铁做的标志镶嵌在混凝土标石顶面内,以标志点位,如图5-2所示。

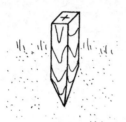

图5-1 用木桩标志地面点

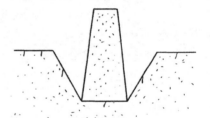

图5-2 石桩和混凝土标石

为了从远处能清楚地观测地面上的点位,在点上面需要设置移动或固定的觇标。最简单的觇标是可移动的标杆或测钎,如图5-3所示。固定的永久性的觇标,需用木质或金属觇标标示,大多在控制测量中使用,如图5-4所示。

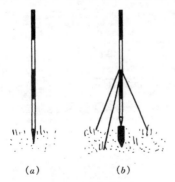

(a)   (b)

图5-3 可移动觇标

图5-4 固定的寻常三角觇标

(二)直线的定线

两点之间在地面上的连线叫做直线的方向线。直线的定线即是在直线的方向线上设立一些标志,在地面上准确的标示出方向线的位置。普通钢尺量距一般用目估法定线。

如图 5-5，在 *A*、*B* 两点间定线。先在直线两端点 *A*、*B* 设立标杆，观测员站在 *A* 标杆后约两米处，定线员携带一根标杆 *C* 站在 *A*、*B* 的方向线附近需要定点的地方。观测员瞄准 *A*、*B* 两标杆，形成视线 *AB*，并以手势指挥定线员移动，直至 *A* 标杆遮挡 *C* 标杆和 *B* 标杆为止。然后，观测者左右移动视线，若视线分别与三根标杆的左边和右边相切，则表明 *C* 标杆即在 *AB* 的方向线上。否则需要调整 *C* 标杆的位置。按照同样的方法再插设其他标杆。

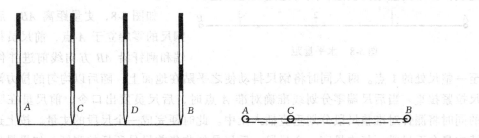

图 5-5　两点间定线

二、丈量距离的工具

地形测量中，直接丈量距离的工具有钢卷尺、布卷尺、竹尺、绳尺等，但经常使用的是钢卷尺和布卷尺，个别情况才使用竹尺或绳尺。

钢卷尺或布卷尺因零点位置不同，有端点尺和刻线尺两种。端点尺是以尺端的扣环作为起算零点的位置，刻线尺是以刻在尺端附近的零分划线起算的。如图 5-6 所示。

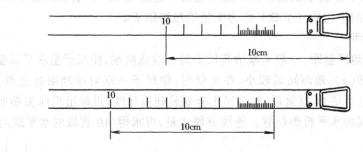

图 5-6　端点尺及刻线尺

一般钢卷尺的最小分划为毫米。在米、分米和厘米的分划线处都注有相应数字。此外，在零端附近还注有尺长（如 50m）等数值，这些数值说明钢尺在规定的温度、拉力下的实际长度。

布卷尺是由麻或纱线与金属丝编制成的布带。布带长度有 20m、30m、40m 等，属于端点尺一类。由于布带受拉力影响较大，所以布卷尺在量距精度要求不高时才用。

测钎是钢尺量距中主要的辅助工具，它由粗钢丝制成，并穿在一个铁环上（如图5-7）量距时，用以标记和计算所量的尺段数。

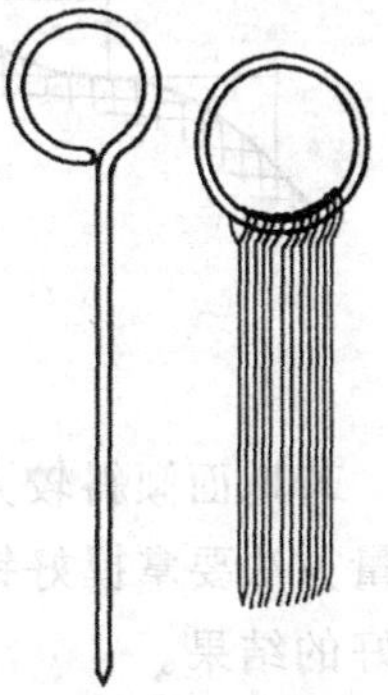

丈量距离的其他工具还有标杆、垂球、弹簧秤、温度计等等。

三、丈量距离的方法

测量上所说的距离通常指水平距离，即地面上的直线在水准面

图 5-7　测钎

上的投影（小区域内亦指在水平面上的投影）。距离丈量的方法因量距精度要求和地面起伏状况的不同而有所区别。下面介绍地形测量中用钢尺量距的几种常用方法。

（一）一般精度量距

1. 平坦地区水平量距

在平坦地区量距时，钢尺可沿地面整尺段丈量。如果丈量距离较长，丈量前应先进行定线。如果丈量距离较短，则可边定线边丈量。

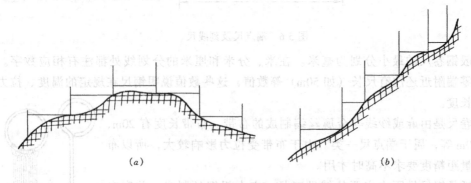

图 5-8　水平量距

如图 5-8，丈量距离 AB。后尺员持钢尺的零端立于 A 点，前尺员持钢尺末端和测钎沿 AB 方向线前进并伸展钢尺至一整尺处的 1 点。两人同时将钢尺抖动使之平贴在地面上，随后以均匀的拉力渐渐将钢尺拉紧拉直。当后尺端零分划线准确对准 A 点时，后尺员发出口令，前尺员在听到口令的同时将测钎对准整尺段分划垂直插入土中。此时便完成一个尺段的丈量。按上述方法继续丈量余下尺段。每丈量完一个尺段，后尺员便收集前尺员所插的测钎。如果最后一段不足一整尺时，由前尺员读出终点 B 所对准的分划线读数（即尾数，一般读至厘米），便完成了 AB 距离的一次丈量。所测 AB 的距离为

$$D = 整尺段数（测钎数）\times 整尺长 + 尾数$$

为了避免错误和提高精度，AB 的距离要往、返共丈量两次，叫做一测回。往、返丈量结果的较差与直线全长的比值，应不超过一定的限度。平坦地区，限差应不超过1/3000，较困难地区不超过1/2000，特殊困难地区不超过1/1000。若误差在规定的限度内，则取往、返测距离的平均数（中数）作为丈量的最终结果。

2. 起伏地区量距

在倾斜不大的地区量距，一般采取抬高尺子的一端或两端，使尺子呈水平以量得直线的水平距离。如图 5-9(a)，地面倾斜较小，在丈量时，使尺子一端对准地面标志点，将另一端抬高使尺子呈水平（目估）。拉紧后，对准尺上分划悬挂垂球线，再标出垂球尖端所对的地面点位，即为该分划线的水平投影位置。连续分段丈量，可求得 AB 直线的水平距离。

(a)

(b)

图 5-9　倾斜地面丈量距离

若地面倾斜较大，不可能一次丈量一整尺段时，则可分段丈量，如图 5-9 (b)。这种丈量方法要掌握好钢尺水平、垂球稳定、每段高差适当。一般从高处向低处丈量，能获得较好的结果。

如果地面是等倾斜的或者是分段等倾斜的，也可以沿地面丈量出直线的倾斜长度后，

再根据直线的倾角或直线两端点的高差，通过计算求得直线的水平距离。如图5-10，AB 为地面上倾斜直线，其长度为 S，倾角为 a，两端高差为 h，AC 为 AB 的水平投影。依图可知 AB 的水平距离 D 为

$$D = S \times \cos a \qquad (5-1)$$

或

$$D = \sqrt{S^2 - h^2} \qquad (5-2)$$

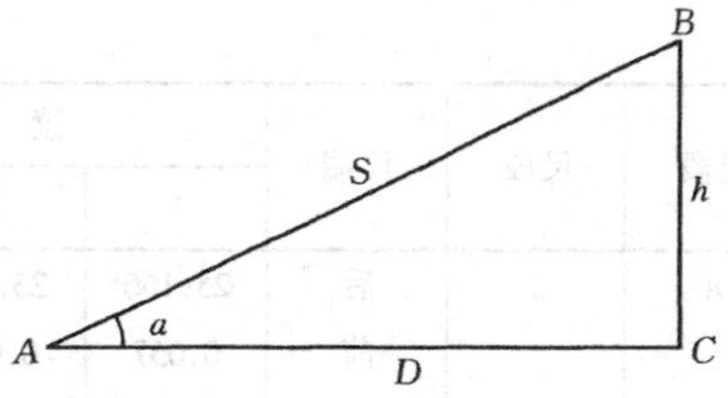

图 5-10 倾斜长度化为水平长度

测得斜距 S 和相应两端点高差 h，亦可通过加改正数的方法求得平距 D，改正数的计算方法如下：

因为：

$$h^2 = S^2 - D^2 = (S - D)(S + D)$$

所以：

$$\Delta D = D - S = -\frac{h^2}{S + D} = -\frac{h^2}{S + \sqrt{S^2 - h^2}}$$

当 h 较小时，可用 2S 代替 S+D，即

$$\Delta D = -\frac{h^2}{2S} \qquad (5-3)$$

（二）较精确的距离丈量

直接量距在精度要求较高时，可以采用钢尺悬空丈量并在尺段两端点同时读数的方法进行。丈量前，先用仪器定线，并在方向线上标定出略短于测尺长度的若干线段。各线段的端点用大木桩标志，桩顶面刻"＋"字表示端点点位。钢尺一端连接在弹簧秤上。丈量时，将钢尺两端置于木桩上，前、后两拉尺员用检定时的拉力将钢尺拉直后，由前、后读尺员按桩顶"＋"字标志进行读数，记簿员随即将读数记入手簿。此后，以同样的方法逐段丈量。

这种丈量方法要求每尺段丈量三次。每次丈量前，稍许移动（窜动）钢尺，使尺上不同分划对准端点。每次移动量可在10cm范围内变动。三次读数算得的尺段长度的较差限差，按不同要求而定，一般要求不超过 2～5mm。若较差在规定限度内，可取三次的平均值作为该尺段的最后结果。若其中一次读数超限，应再进行一次读数。

在每尺段读数的同时，还应测定温度。在丈量前或丈量后，应使用仪器测定每尺段（即相邻两木桩）的高差，以便进行每尺段的倾斜改正计算。

表5-1为钢尺量距手簿的格式与记录的一个实例。

钢卷尺量距手簿　　　　　　　　　　　　　　　　　　表 5-1

日期：1989．5．9　　　　后端读数：张静文　　　　　　记录：陈伟勤

天气：晴间阴

风向：偏南风　　　　　　　前端读数：何　聪　　　　　　检查：丁　颖

线段	尺段	尺端	读　　数（m）				中数 (m)	高差 (m)	温度 (℃)	备　注
---	---	---	1	2	3	4				
A	A	后	27.241	27.282	27.322					30/2643 号
		前	0.043	0.083	0.123					钢尺尺长
	1	后－前	27.198	27.199	27.199		27.199	+1.10	17°	方程式为：
	1	后	29.284	29.256	29.276					30 + 0.008
B		前	0.200	0.174	0.190					+ 1.25 × 10⁻⁵
（往测）	2	后－前	29.084	29.082	29.086		29.084	−0.76	16°	× 30 (t − 20℃)

线段	尺段	尺端	读 数（m）				中数（m）	高差（m）	温度（℃）	备 注
			1	2	3	4				
A	2	后	25.166	25.190	25.170					
		前	0.057	0.080	0.060					
	3	后－前	25.109	25.110	25.110		25.110	－0.94	17°	
B	3	后	28.628	28.574	28.520					
（往测）		前	0.418	0.361	0.309					
	B	后－前	28.210	28.213	28.211		28.211	＋1.32	15°	
B	B	后	28.248		28.260	28.284				30/2643号
		前	0.045		0.060	0.085				钢尺尺长
	3	后－前	28.203		28.200	28.199	28.201	－1.32	16°	方程式为：
	3	后	25.199	25.164	25.135					30＋0.008
		前	0.084	0.051	0.021					＋1.25×10⁻⁵
	2	后－前	25.115	25.113	25.114		25.114	＋0.94	17°	×30(t－20℃)
	2	后	29.129	29.151	29.188					
		前	0.051	0.075	0.108					
	1	后－前	29.078	29.076	29.080		29.078	＋0.76	15°	
A	1	后	27.552	27.522	27.474					
（返测）		前	0.362	0.328	0.279					
	A	后－前	27.190	27.194	27.195		27.193	－1.10	16°	

（三）丈量距离应注意事项

1. 伸展钢卷尺时，要小心慢拉，钢尺不可卷扭、打结。若发现扭曲、打结情况，应细心解开，不能用力抖动，否则容易造成折断。

2. 丈量前，应辨认清钢尺的零端和末端。丈量时，钢尺应逐渐拉平、拉直、拉紧，不能突然猛拉。丈量过程中，前后两人动作要协调一致，事先应约定好各种口令。

3. 转移尺段时，前后拉尺员应将钢尺提高，钢尺不可在地面上拖拉摩擦。钢尺伸展后，不能让行人、车辆等从钢尺上压过，否则极易损坏钢尺。

4. 丈量工作结束后，要用干布把钢尺擦净，并涂上一层油脂以防生锈。

四、钢卷尺的检定

每一根钢尺上注明的长度，通常叫做钢尺的名义长度。这个长度是在某一标准条件下确定的，在一般情况下，它并不等于钢尺的实际长度。要确定一根钢尺的实际长度，应该考虑到影响钢尺长度的各种因素，其中主要因素有三个：尺长本身误差、拉力大小和温度变化。这三个因素中拉力大小的问题比较容易解决。若丈量时能保持钢尺上所注明的拉力，则它对尺长的影响就可以忽略不计。而尺长改正和温度改正，则要根据尺长方程式进行改正。尺长方程式的一般形式为

$$l_0 = l + \Delta l + \alpha \times l(t - t_0) \tag{5-4}$$

式中　　l_0——钢尺在温度 t 时的实际长度；

　　　　l——钢尺的名义长度；

　　　　Δl——尺长改正数，即钢尺在 t_0 时的实际长度减去名义长度；

　　　　α——钢尺线胀系数（即温度变化 1℃时，1m 长度的变化值，一般为 1.25×

$10^{-5}/℃$）；

t_0——检定钢尺时的温度；

t——丈量时的温度。

例如：某钢尺标注长度为30m，当温度为20℃时，其实际长度为29.994m。可知 $l = 30m, t_0 = 20℃, \Delta l = 29.994 - 30 = -0.006m$，则该钢尺在温度 t 时的实际长度 l_0 为

$$l_0 = 30m - 0.006m + 30 \times 1.25 \times 10^{-5} (t - 20) m$$

这就是该钢尺的尺长方程式。

每一根钢尺都有相应的尺长方程式，以确定其实际长度，从而求得被丈量距离的真正长度。尺长改正数 Δl 因钢尺经常使用会产生不同的变化。所以一般在作业前，必须重新确定其尺长方程式。这个过程，叫做钢尺的检定。

钢尺的检定方法有用标准尺检定和基线长检定两种，下面分别介绍如下。

1. 用标准尺检定钢尺

标准尺是经过专门机构严格检定并已确知其尺长方程式的钢尺，专供钢尺检定作业之用。在一定条件下，将标准尺与作业钢尺直接比较其长度，从而取得作业钢尺的尺长改正数。检定时，将标准尺与作业钢尺末端分划线对齐，用标准拉力（例如5kg或10kg）拉紧两钢尺，在零分划端读出两尺的差数，以标准尺为准，若被检尺较长时，差值为"+"，反之为"−"，同时读取温度 t。这样就能够根据标准钢尺的尺长方程式和检定时取得的数据，推算出作业尺的尺长方程式。另外，两尺尺长之差数，受温度影响变化极小，可略而不计，所以，可以认为两尺相对长度在任何温度下保持不变。故亦可根据标准尺的尺长方程式和两尺之差数，直接写出被检尺的尺长方程式。即被检尺的尺长改正数、等于标准尺尺长改正数和差数的代数和。

例：设检定时标准钢尺的实际长度为 l_a，其尺长方程式为 $l_a = 30m - 0.005m + 30 \times 1.25 \times 10^{-5} \times (t - 20) m$。作业钢尺实际长度为 l_b，其名义长度为30m。两尺直接比较时，标准钢尺零分划线与作业钢尺的0.004m分划线一致，当时温度为25℃。在确定作业钢尺的尺长方程式时，作业钢尺上0.004m长度因温度变化所引起的微小变化，可以忽略不计。

由比较结果可得

$$l_b = l_a + 0.004m$$

$$l_b = 30m - 0.001m + 30 \times 1.25 \times 10^{-5} \times (t - 20) m$$

2. 用基线长检定钢尺

在地面上确定一段距离，其长度是30m或50m的倍数。在线段的两端点设置固定点，事先用精密的测距工具（如标准尺、铟瓦尺等）测定两固定点间的精确长度。此线段叫做固定基线或检定基线。检定时，用作业钢尺丈量检定基线的长度，然后与基线的精确长度进行比较，就可以求得作业钢尺的尺长方程式。

例：设检定基线的精确长度 $D = 120.057m$，用名义长度为30m的作业钢尺丈量检定基线长度的结果为 $D' = 120.130m$，丈量时的温度 $t = 14℃$。

则全长的改正数为：$\Delta D = D - D' = -0.073$m

一整尺长的改正数为：$\Delta l = （\Delta D / D'）\times l' = -0.018$m（$l'$为作业钢尺的名义长度）。所以作业钢尺在检定温度为14℃时的尺长方程式为

$$l = 30 - 0.018 + 30 \times 1.25 \times 10^{-5} \times （t - 14）$$

若将检定时的温度改为标准温度20℃，则尺长方程式为

$$l = 30 - 0.016 + 30 \times 1.25 \times 10^{-5} \times （t - 20）$$

应当指出：由于温度改正实际上是非线性的，因此，当丈量精度要求较高时，作业时钢尺的温度与检定时的温度就不能相差过大（有的规定温差限度为 ± 10℃），若温差超过规定限度，则需要重新检定钢尺。

五、长度计算

用作业钢尺丈量距离，根据不同情况，对所得结果应加入相应的改正，从而求得直线的正确长度。对于平坦地区或起伏不大的地区以平量法直接丈量的距离，则只需加入尺长改正和温度改正。直线正确长度的计算，可按下式进行

$$D = D' + D'（\Delta l / l'）+ D' \times \alpha \times （t - t_0） \tag{5-5}$$

式中　D——直线的正确长度；

　　　D'——直线的丈量长度；

　　　$\Delta l / l'$——单位尺长（一般为1m）的改正数。

此时，D 即水平距离。

至于沿倾斜地面丈量距离时，直线长度计算除加入尺长改正和温度改正外，还应加入倾斜改正。在地面倾斜的情况下，每段长度并非整尺段，且每段的地面倾斜也不一致，所以需要进行分段改正。若地面坡度基本一致，则尺长、温度和倾斜三项改正，可近似地以整条直线的长度进行改正。三项改正的计算公式分别列在下面，式中 D' 为各分段丈量的结果。

1. 尺长改正　　　　　　　$\Delta D_D = D' \times （\Delta l / l）$ 　　　　　　　　　(5-6)

2. 温度改正　　　　　　　$\Delta D_t = D' \times \alpha \times （t - t_0）$ 　　　　　　　(5-7)

3. 倾斜改正

将丈量结果 D' 加上上述 1、2 两项改正，可得到改正后的倾斜长度 S，即

$$S = D' + \Delta D_D + \Delta D_t$$

此时，倾斜改正数依式（5-3）为：$\Delta D_h = -h^2 / （2S）$。由于 ΔD_D、ΔD_t 一般很小，所以当 h 不大时，用 D' 代替 S 进行计算，并不影响计算结果，故有

$$\Delta D_h = -\frac{h^2}{2D'} \tag{5-8}$$

综上所述，改正后的各分段的水平距离为

$$D = D' + \Delta D_D + \Delta D_t + \Delta D_h \tag{5-9}$$

关于长度计算的算例列在表 5-2 中。

计算者：张静文   校核者：丁 颖

线段	尺段	距离 (m)	温度 (℃)	高差 (mm)	尺长改正 (mm)	温度改正 (mm)	倾斜改正 (mm)	水平距离 (m)	备 注
A	A / 1	27.199	17	+ 1100	+ 7.3	− 1.0	− 22.2	27.183	
	1 / 2	29.084	16	− 760	+ 7.8	− 1.4	− 9.9	29.080	
	2 / 3	25.110	17	− 940	+ 6.7	− 0.9	− 17.6	25.098	距离、温度、高差等数据抄录自表 3-1
	3 / B	28.211	15	+ 1320	+ 7.5	− 1.8	− 30.9	28.186	
B							Σ	109.547	
B	B / 3	28.201	16	− 1320	+ 7.5	− 1.4	− 30.9	28.176	
	3 / 2	25.114	17	+ 940	+ 6.7	− 0.9	− 17.6	25.102	相对精度： $\dfrac{0.019}{109} \approx \dfrac{1}{5737}$
	2 / 1	29.078	15	+ 760	+ 7.8	− 1.8	− 9.9	29.074	
	1 / A	27.193	16	− 1100	+ 7.3	− 1.4	− 22.2	27.176	距离平均值 =
A							Σ	109.528	109.538m

表中计算的相对误差 $(D_{往} - D_{返}) / D$ 是衡量丈量距离精度的一种标准。如果相对误差在要求的容许范围之内，则可取往、返两次结果的中数，作为该段距离的最后结果。如相对误差超限，则应再作一次往（或返）测，而取合乎限差的那两次测定值（一往一返、或两往、或两返）的中数。

六、钢卷尺丈量长度的误差

丈量直线的长度和其他测量工作一样，在丈量过程中不可能没有误差。引起误差的因素很多，来源也各不相同。下面仅阐述其主要方面。

（一）钢尺长度的误差

经过检定的钢卷尺，在尺长方程式中虽已考虑到尺长的改正，但由于检定时还可能产生 0.5mm 甚至更大的误差（检定误差）。这对丈量结果仍是有影响的，不过这种影响很小，往往可以忽略不计。

（二）温度变化引起的误差

在不同温度下，钢卷尺具有不同的长度，所以在丈量过程中温度的改变，会引起被丈量直线长度的误差。由式（5-7）可知，若钢卷尺长度为 20m，当使用该卷尺丈量直线时，设与检定时温度相差 4℃，则钢尺长度将产生 1mm 的误差。钢尺愈长或丈量时与检定时的温差相差愈大，其误差也随之增大。因此，当进行较精确的距离丈量时，都应测定钢尺的温度。由于钢卷尺各部分的温度不尽相同，要准确测定钢卷尺的温度是比较困难的。另外，一般情况下都是测定气温代替尺温，所以结果中总是残留着由此而引起的误差。

（三）定线误差

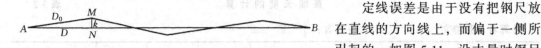

图 5-11 钢尺丈量距离时的方向偏差

定线误差是由于没有把钢尺放在直线的方向线上，而偏于一侧所引起的。如图 5-11，设丈量时钢尺偏离 AB 的方向线距离为 $MN = k$，则由定线不准确而在长度测量中引起的误差为

$$\Delta D = D_0 - D$$

按照类似与前面所阐述的倾斜改正原理，可得

$$\Delta D = \frac{k^2}{2D_0}$$

显然，中间尺段的最不利情况为前、后两端位于直线的两侧且同偏离 k。此时所引起的误差为

$$\Delta D = \frac{(2k)^2}{2D_0} = \frac{2k^2}{D_0}$$

以长度为 30m 的钢卷尺为例，定线误差与钢尺尺端偏离方向线的距离关系如下表。

表 5-3

尺端偏距	≤0.47m	≤0.38m	≤0.21m
定线误差	≤1/2000	≤1/3000	≤1/10000

由上表可知，一般情况下用目估定线，其精度是足够的。

（四）拉力变化引起的误差

钢卷尺是有弹性的。如果在丈量时用不同于检定时的拉力来拉钢尺，则钢尺的长度将不是检定时所确定的长度。以 30m 的钢卷尺为例，当拉力改变 3～5kg 时，引起的尺长误差将有 1～1.8mm。不过如果能保持拉力的变化在 3kg 范围之内，这对于一般精度的丈量工作是足够的。对于精确的距离丈量，应使用弹簧秤，以保持钢尺的拉力是检定时的拉力。

（五）钢尺不水平引起的误差

直接丈量距离时，钢尺不水平引起的误差，与前节中介绍的倾斜改正具有类似的性质，都是由于丈量了倾斜距离而产生直线增长的误差。对 30m 的钢卷尺来说，若钢尺两端的高差为 0.4m 时，可以算得距离增长为 0.003m，此误差不大于直线长度的 1/10000。在一般丈量距离时，只要认真地在钢尺中间的垂直方向上，用目测估计，限制钢尺两端在 0.4m 的范围内是不困难的。而在丈量精度要求较高时，则对丈量长度一定要加倾斜改正。

（六）钢尺垂曲误差

垂曲误差就是在钢尺悬空丈量时由于钢尺本身的重量，使尺子中间下垂而引起的误差。在一般精度丈量时，可以在钢尺中部加以支撑或适当地拉紧钢尺的方法，来减弱垂曲误差的影响。此外，为了避免垂曲误差的影响，可以在检定钢尺时分别按悬空丈量与贴地丈量两种作业情况进行检定，并得出各自的尺长方程式。在计算直线长度时，依作业情况采用相应的尺长方程式，这样就可基本消除垂曲误差的影响。

（七）丈量时的作业误差

丈量时的作业误差，一般可以认为是下述各种误差的综合影响：钢尺端线对准地面点的误差、插测钎标定尺子终端的误差、余长读数误差等。但正常情况下，这些误差按其性质来说可正可负。因此，在最后结果中实际上已相互抵消了一部分，而残余的误差对精度的影响一般是较小的。

第二节 视 距 测 量

一、概述

视距测量就是应用视距装置，通过仪器观测来求得距离，通常还可同时求得高差。前已述及的测量仪器望远镜的十字丝板上所刻的视距丝，就是用来进行视距测量的。

视距法测定距离，就其基本原理的不同，可分为定角视距和定基线视距两类。

定角视距的基本原理，如图 5-12 （a）所示。它是在 A 点置定角，在欲测距离处置标尺。定角之两角边在尺上可截得长度 l_i。显然，l_i 将随 D_i 的变化而变化。故而，依 l_i 即可确定 D_i。

或者，如图 5-12 （b）。在欲测距离处，置定长 l，则其对测站所张角 ε_i（视角差）将随 D_i 的变化而变化。因此，依 ε_i 就可确定 D_i。以此为基本原理测求距离的就叫定基线视距。

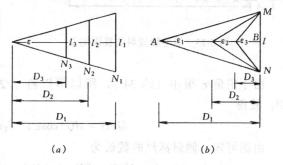

图 5-12　定角视距和定基线视距原理

在地形测量中主要采用定角视距。

视距测量所用的尺子，叫视距尺。一般定角视距的视距尺与普通水准标尺是类似的。事实上，普通水准标尺亦可当视距尺使用。

二、定角视距的原理及公式

（一）照准轴水平时的视距公式

照准轴水平时视距公式为

$$D = kl + c \tag{5-10}$$

式中　k——视距乘常数；

　　　l——两视距丝在标尺上所截取的长度，亦即上、下视距丝在标尺上的读数的差值；

　　　c——视距加常数。

为了方便工作，在设计测量仪器望远镜时，可适当选择仪器的结构参数，通常使 $k = 100$，而 c 值近似等于零。例如目标从最短视距（3m）到无穷远，调焦透镜移动所引起的 c 值变化不超过 1~2cm，这数值对视距测量的精度是无关紧要的。因此，式（5-10）中 c 可略而不计，即

$$D = kl \tag{5-11}$$

由此可见：当望远镜照准轴水平地照准直立标尺时，两视距丝在标尺上所截取的长度 l 乘以 k（通常为100），即为仪器中心到标尺的水平距离。

照准轴水平时，若要测定高差，则可按水准测量中所述的向前水准测量方法测定，亦

相当于三角高程测量中垂直角为零时的情况。

（二）照准轴倾斜时的视距公式

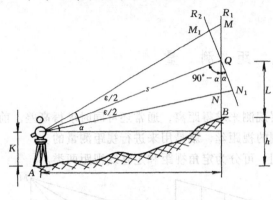

图 5-13 照准轴倾斜的视距测量

1．水平距离的计算公式

如图 5-13 所示，设照准轴的倾斜角为 α，两视距丝在直立标尺 R_1 上所截长度为 $MN = l$。若在照准轴与直立标尺交点 Q 处，有一根同样倾斜 α 角且与照准轴正交的标尺 R_2，此时两视距丝在 R_2 上所截长度为 $M_1 N_1 = l_1$。按图 5-13 可知 ΔMQM_1 和 ΔNQN_1 中，有下列几何关系：

$$\angle MQM_1 = \angle NQN_1 = \alpha$$

$$\angle MM_1 Q = 90° + \varepsilon/2 ; \quad \angle NN_1 Q = 90° - \varepsilon/2$$

由于定角 ε 很小（约 34′），所以可以将 $\varepsilon/2$ 略去不计，即视 $\angle MM_1 Q = \angle NN_1 Q = 90°$。故得

$$M_1 Q = MQ \cdot \cos\alpha ; \quad N_1 Q = NQ \cdot \cos\alpha$$

由图可知，倾斜标尺的截长为

$$l_1 = M_1 Q + QN_1 = （MQ + QN）\cos\alpha = l \cdot \cos\alpha$$

于是按式 (5-11) 可知，倾斜距离 S 为

$$S = OQ = kl_1 = kl \cdot \cos\alpha \qquad (5-12)$$

再将斜距 S 改算为平距 D，即有

$$D = S \cdot \cos\alpha = kl \cdot \cos^2\alpha \qquad (5-13)$$

式 (5-13) 就是依视距读数 kl 和垂直角 α 求水平距离的视距公式。

2．高差的计算公式

在三角高程测量中，已给出两点间的高差计算公式为

$$h = D \cdot \mathrm{tg}\alpha + K - L （K 为仪器高）$$

将 (5-12) 代入上式，则得

$$h = kl \cdot \cos^2\alpha \cdot \mathrm{tg}\alpha + K - L = \frac{1}{2} kl \cdot \sin 2\alpha + K - L \qquad (5-14)$$

式 (5-14) 就是求高差的视距公式。

作业中，在测定垂直角 α 时，通常使水平丝照准标尺上与仪器同高处，使 $K - L = 0$；或者照准使 $K - L$ 为一整数的部位，以方便计算高差。

三、视距乘常数的测定

前已述及，视距乘常数通常理应为 100，但由于仪器在搬运和作业过程中，仪器受振动、温度变化等因素的影响，视距乘常数可能变动而不等于 100。视距乘常数如有较大误差，则对视距测量精度影响甚大。因此，在使用仪器前对其视距乘常数的检测不可忽视。

视距乘常数 k 的测定方法如图 5-14。在平坦地选择直线 AB，端点 A、B 用木桩标志，沿 AB 用钢卷尺精确丈量出 25、50、100、150、200m 等段距离，并在段点 P_1、P_2、P_3、P_4、P_5 上各打一木桩。然后，在 A 点整置仪器，按盘左、盘右位置用视距法往返测定各

段距离。即先依次在 P_1、P_2……P_5 点上垂直树立标尺，使望远镜水平地照准标尺，并按盘左、盘右位置分别进行上、下视距丝读数，并记入手簿，这便是往测。返测时，则按 P_5、P_4……P_1 顺序依次进行。这样每个段点上可得4个视距间隔读数（l = 下丝读数—上丝读数）。四个读数 l 的差数 Δl 应不超过 $l/500$，过大的应予剔除并重测。取各段点上4次读数的平均值，即为 l_1、l_2、l_3、l_4、l_5。将 l_i 代入公式 $k_i = D_i/l_i$ 得按不同距离所测定的 k 值。再取各 k 值的平均值，即为测定的视距乘常数 k。

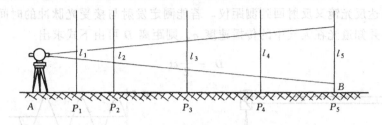

图 5-14　视距乘常数的测定

当测定值在 100 ± 0.1 的范围内时，一般可略去其误差不计，而视 $k = 100$。如果误差超过 ± 0.1 的限差时，对有校正 k 值装置的仪器就应校正，使 $k = 100$。对不能进行校正的仪器，则在作业中采用测定值。

四、定角视距的精度

影响定角视距法测距精度的误差来源是：视距读数误差（视距丝太粗、上下丝不能同时间读数、目估读数等），视距尺误差（分划不准确、观测时标尺倾斜），视距乘常数 k 的误差（测定不准确、常数变化），外界条件影响（竖直折光、风力、空气透明度不好）等等。其中以读数误差、标尺倾斜误差、大气竖直折光差的影响较为显著。特别当垂直角较大时，标尺倾斜误差尤为严重。

为了减弱各种误差的影响，提高测距精度，野外作业时应注意：视距尺上应装圆盒水准器，以保证标尺直立，尤其在山区作业更需注意。一般情况下，尽可能在标尺1m以上高度读数，以减弱竖直折光的影响。尽量在呈像清晰、稳定的条件下进行观测。视线长度不能超过规定的限值等等。

定角视距法的测距精度，当使用厘米分划的直立标尺，望远镜的放大率分别为20、25、30倍时，理论上分析其测距最大相对误差分别为1/490、1/620、1/740。但在实际中是达不到这种精度的。实验数据证明，在观测条件较好时，定角视距法测定距离的精度为1/200~1/300，有的按1/150估计，在不良条件下甚至可能降低到1/100。

第三节 光 电 测 距

用钢尺量距是一项十分繁重的工作，特别在山区或沼泽及水网地区用钢尺量距更为困难，有时甚至无法丈量。用光学视距法虽然可以克服某些地形条件的限制，但测程短、精度低。为了克服上述两种方法的不足，减轻劳动强度和提高效率与精度，人们创造出了一种新的测距方法——电磁波测距。

电磁波测距按采用的载波不同，可分为光电测距和微波测距。采用光波（可见光或红外光）作为载波的称为光电测距，采用微波段的无线电波作为载波的称为微波测距。

光电测距技术发展很快，测距仪自动化程度不断提高，并且重量轻、使用方便，特别适用于小面积的控制测量、地形测量、地籍测量及工程测量等测量工程。

下面主要介绍红外测距仪的基本原理，并结合 DM-S3L 红外测距仪，介绍其使用方法与边长计算等问题。

一、红外测距仪的测距原理

在待测距离的一端安置测距仪，另一端安置反光镜，如图 5-15。当测距仪发射出光脉冲，该光束到达反光镜又反射回到测距仪。若能测定发射与接受光脉冲的时间差 t，即光的传播时间，并知道光在大气中的传播速度 c，则距离 D 可由下式求出

$$D = \frac{1}{2} ct \tag{5-15}$$

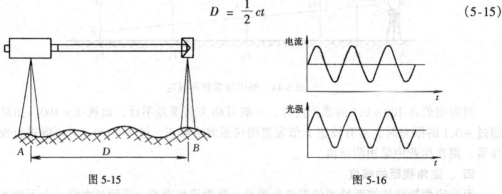

图 5-15   图 5-16

这种测距方法称为脉冲法测距，其测定距离的精度主要取决于时间 t 的量测精度，如要达到 ±1cm 的测距精度，时间的量测值必须精确到 6.7×10^{-11} 秒。然而，目前由于受电子元件性能的限制，很难达到这样高的时间量测精度，致使脉冲法测距一般只能达到米级精度。在高精度测距仪上，都采用相位法测距，即将距离与时间的关系变成距离与相位的关系，通过测定相位差来测定距离。

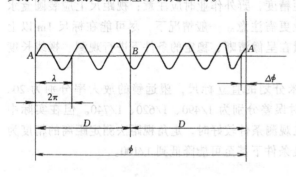

图 5-17　相位法测距原理

相位法测距是对测距仪的光源 CaAS 发光管注入一定频率的交变电流，使发光管发射的光强随着注入电流的大小发生变化，如图 5-16。这种光称为调制光，设测距仪发出的调制光频率为 f，被 B 点反光镜反射回测距仪所经过的时间为 t。为说明方便，将反光镜 B 返回的光波在测线方向上展开，见图 5-17。

设调制光的波长为 λ，其光强变化一个周期的相位为 2π。接受时的相位比发射时的相位延迟 $\Delta\phi$。则

$$\phi = 2\pi ft$$
$$t = \phi / (2\pi f) \tag{5-16}$$

将 t 代入式 (5-15)，得

$$D = c\phi / (4\pi f) \tag{5-17}$$

由图 5-17 可见，ϕ 可以表示为 N 个相位变化的整周期和不足一个整周期的相位差尾数 $\Delta\phi$

之和，即

$$\phi = N \cdot 2\pi + \Delta\phi$$

再将 ϕ 代入式（5-17），则

$$D = (c/2f) \cdot (N + \Delta\phi/(2\pi)) = (\lambda/2) \cdot (N + \Delta\phi/(2\pi)) \tag{5-18}$$

该式为相位法测距的基本公式。令 $\mu = \lambda/2$，$\Delta N = \Delta\phi/(2\pi)$，则

$$D = \mu(N + \Delta N)$$

将上式与钢尺量距公式相比，我们可以把调制波的半波长看作为"光尺"的长度，测距 D 则可看成整光尺长度与不足一个整光尺长度之和。光尺长度可由下式确定

$$\mu = \lambda/2 = c/(2f) = c_0/(2n_g f) \tag{5-19}$$

式中　$c_0 = 299792458 \pm 1.2\text{m/s}$，为光在真空中传播的速度；

n_g——大气折射率，它是载波波长、大气温度、气压的函数。

测距仪在设计时一般先选定一个标准温度和标准气压，再根据发射光源的波长确定光尺长度。

在使用式（5-18）时，由于仪器上的测相装置只能分辨 $0 \sim 2\pi$ 之间的值，即只能测定不足一个整周期的相位差 $\Delta\phi$，测不出整周期 N 值。例如光尺为 10m，只能测出小于 10m 的数据；光尺为 1000m，则可测出 1000m 以内的距离值。但是由于仪器测相精度只能达到 1/1000，1km 的测尺精度只能达到 m 级。测尺越长，精度越低。所以为了兼顾测程和精度，目前测距仪常采用多个调制频率（即几个测尺）进行测距。用短测尺（也称为精测尺）测定精确的小数。用长测尺（称为粗测尺）测定距离的大数。例如对于测程为 1km 的测距仪，可设计精粗两把测尺。精尺为 10m，用以量测显示 m 及 m 位以下的距离值。粗尺为 1000m，用以显示十米、百米和千米位。如：实际距离为 382.658，其精测、粗测及仪器显示分别为

精测显示　　　　　　　2.658

粗测显示　　　　　　　382

仪器显示　　　　　　　382.658

对于更远测程的测距仪，可以多设几个测尺配合测距。

二、测距边长的改正计算

仪器单测斜距应进行以下三项改正。

（一）加、乘常数改正

测距仪测得距离为发光管等效面至反光镜等效反射面的距离 D' 与内光路光程 d 之差。而仪器的发射、接受等效面与仪器的中心不一致，反光镜反射等效面与仪器的接受中心也不一致，如图 5-18。因此，实际距离与仪器实测距离有个差值 C，该值是常数，称为仪器加常数。

仪器的测尺长度与仪器的主频率有关。仪器经过一段时间的使用后，由于晶体的老化，实际的测尺频率与设计的频率有偏移，使测量距离存在着随距离变化的系统误差。其比例因子称为仪器乘常数。

仪器的加、乘常数应在仪器使用前测定，然后预置在仪器里，测距时由仪器自动改正。或者采用人工计算改正。

（二）气象改正

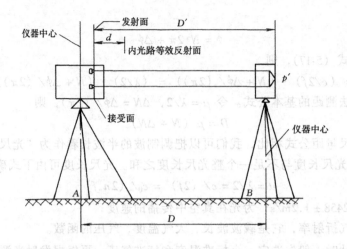

图 5-18

仪器的测尺长度是按一定的气象参数推算出来的。但是仪器在实测时的气象参数不会与仪器标准气象参数一致，因此使测距值产生系统误差。所以每测一段距离都应实地测量温度（读至 1℃）、气压（读到 1mmHg）。然后利用仪器生产厂家提供的气象改正公式计算距离改正值。例如：DM-S3L 气象改正公式为：

$$K = \left(279.6 - \frac{106.0 \times p}{273.2 + t} \right) \times 10^{-6}$$

式中　　p——气压，mmHg（1mmHg = 133.3Pa）；

　　　　t——温度，℃；

　　　　K——以每米为单位的气象改正值。

气象改正也可以利用实测的 p、t 输入仪器内，由仪器自动完成气象改正。

（三）平距计算

利用测定的斜距 D 及天顶距 Z（$Z = 90 -$ 竖直角）用下式计算平距

$$D_0 = D \cdot \sin (Z)$$

三、DM-S3L 红外测距仪简介

DM-S3L 红外测距仪是十分理想的中短程测距仪之一。它除具有测程较长、精度高的优点外，还有自动改化等测量计算功能。下面主要介绍其基本功能与使用方法。

（一）DM-S3L 的结构与技术参数

DM-S3L 的主要结构如图 5-19 所示。

DM-S3L 的键盘结构如图 5-20 所示。

各键功能如下：

$\boxed{\text{AUDIO}}$ 蜂鸣开关

$\boxed{\text{TRK}}$ 跟踪模式

$\boxed{\text{MEAS}}$ 重复测量、平均值、标准偏差

$\boxed{\triangle\triangle/\triangle}$ 斜距改化

$\boxed{\text{N/E}}$ 坐标测量，坐标原点设置

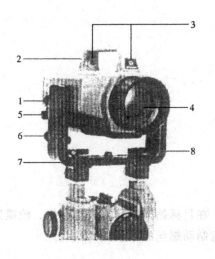
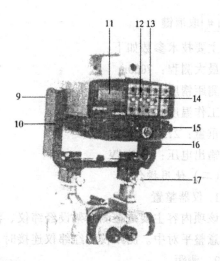

图 5-19　DM-S3L

1—垂直制动；2—提手；3—初瞄孔；4—物镜；5—保险丝；6—垂直微动；7—水平微动；
8—制动杆；9—仪器中心；10—外接电源接口；11—液晶显示屏；12—照准望远镜；
13—电源开关；14—键盘；15—电池；16—垂直微动；17—连接螺钉

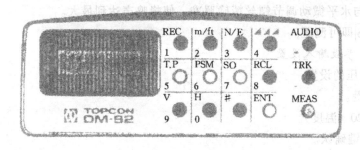

图 5-20　键盘结构图

$\boxed{\text{m/ft}}$ 米/英制选择

$\boxed{\text{REC}}$ 记录数据

$\boxed{0}\sim\boxed{9}\boxed{\cdot}\boxed{-}$ 数字键

$\boxed{\text{RCL}}$ 调入角度、参数

$\boxed{\text{ENT}}$ 输入确认

$\boxed{\text{V}}$ 垂直角

$\boxed{\text{H}}$ 水平角

$\boxed{\text{T．P}}$ 温度、气压或 ppm 改正

$\boxed{\text{PSM}}$ 棱镜常数

$\boxed{\text{SO}}$ 放样

#️ 取消键

主要技术参数如下：

最大测程：7000m

测距精度：$5mm + 3 \times 10^{-6}$

工作温度：$-20 \sim +50$

重量：2.3kg

输出电压：DC8.4V

（二）使用操作

1．仪器整置

该项内容主要是在测站架设经纬仪、测距仪，在目标站架设棱镜。经纬仪、棱镜架都要注意整平对中。测距仪与经纬仪连接时，要注意制动螺丝的拧紧。

2．测距

测距的步骤如下：

（1）打开电源开关。此时显示屏上的数位全为"8"。

（2）检查或设置气压改正、电源强度、棱镜常数等仪器参数。

（3）用望远镜照准棱镜中心，此时可听到蜂鸣声。

（4）用垂直与水平微动调节螺丝精确照准，使蜂鸣声达到最大。

（5）按 MEAS 即可测距。

（三）数据、参数输入设置

1．温度、气压的设置

（1）按 T-P 键。

（2）输入：20（温度）。

（3）按 ENT 键确认。

温度与气压的限值范围：$-30℃ \sim +60℃$，$5.6 \times 10^4 \sim 10.7 \times 10^4 Pa$（$420 \sim 800mmHg$）

2．棱镜常数设置

（1）按 PSM 键

（2）输入棱镜常数：-30

（3）按 ENT 键确认即可。

3．角度设置

（1）垂直角设置

1）按 V 键

2）输入垂直角值：89.3216（89度32分16秒）

3）按 ENT 键确认即可。

（2）水平角设置

1）按 H 键

2）输入水平角值：9.3245（9度32分45秒）

3）按 ENT 键确认即可。

（3）斜距改化

86

1) 输入一个垂直角

2) 设置 斜、平、垂 键

3) 按 MEAS 或 TRK 键测距时，即可得到相应的斜距、平距及高差。

以上各项设置后，都可用 RCL 键来调阅。

思 考 题

1. 什么叫直线定线？距离丈量中为什么要进行直线定线？

2. 用钢卷尺丈量距离的方法一般有几种？丈量中的注意事项主要有哪几项？

3. 试写出钢卷尺尺长方程式的一般形式，并简述该式中各项的意义。

4. 某钢卷尺以拉力为 100N（10kgf），温度 20℃时为标准长度。在下述情况下，钢卷尺量得的距离较实际距离值是长了还是短了，说明理由。

(1) 在 20℃以拉力 50N（5kgf）进行丈量；

(2) 在 10℃以拉力 100N（10kgf）进行丈量；

(3) 在 25℃以拉力 150N（15kgf）进行丈量。

5. 简述钢尺丈量直线时的误差来源。在一般量距中，主要误差影响是哪几项？

6. 试述定角视距与定基线视距的基本原理。

7. 若视距乘常数为 k，视距标尺上读数为 l，垂直角为 α，试问 kl、$kl\cos\alpha$、$kl\cos^2\alpha$、$\frac{1}{2}kl\sin2\alpha$ 分别表示什么？

习 题

1. 得 A、B 两点间斜距为 102.45m，倾斜角 α 为 3°10′，求相应的水平距离（精确到厘米）。

2. 在等倾斜地面上有两点 A、B，其水平距离 $D = 175.20$m，高差 $H_{ab} = +4.38$m，现欲在直线 AB 上放样出线段 AC，使其水平距离 $d = 100.00$m，问应沿 AB 丈量多大长度到 C？

3. 如何衡量直线丈量的精度？如丈量一段距离，往测为 324.68m，返测为 324.60m，求丈量的相对精度及两点间距离的最后结果。

4. 在 $t = 15$℃，拉力为 100N（10kgf）时将某 30m 钢卷尺与标准尺比较，结果是钢卷尺比标准尺短了 0.2cm，而标准尺尺长方程式为 $l = 30 + 0.003 + 30 \times 1.25 \times 10^{-5}(t - 10)$，若该钢卷尺 $\alpha = 1.25 \times 10^{-5}$，求该尺标准温度为 20℃时的尺长方程式。

5. 在室外有一钢尺检定场，两标志间用精密方法测得距离为 119.9648m，现将一根 30m 的普通钢尺在此检定场上进行检定，丈量两标志长度为 120.0255m。检定时温度为 26℃，拉力为 100N（10kgf），求该钢尺在标准温度为 20℃时的尺长方程式。

6. 某 20m 普通钢尺检定时的拉力为 100N（10kgf），$t = 10$℃，用它对标准长度为 20.010m 的两点进行丈量时，得结果为 20.000m，今用它在相同拉力情况下，$t = 20$℃时丈量 A、B 两点间的距离为 120.000m。假设 A、B 坡度均匀，两点间的高差为 1.46m，问 A、B 两点间实际水平距离是多少？

7. 用 20m 的普通钢尺沿地面丈量 A、B 两点间的距离其值约 120m，试问：

(1) 若要求由定线误差引起的丈量精度不低于 1/5000，求定线误差不得超过多少？

(2) 若用花杆目估定线，花杆中心偏离直线方向的最大误差为 10cm，则在最坏情况下由产生的量距误差是多少？

第六章 测量误差理论基础

第一节 测量误差概述

一、测量误差及其产生的原因

观测量（值）的获取有直接观测与间接观测两种方法，不论采用何种观测方法获取的观测量（值）与它的真值之间总是存在着差异，我们把这种差异称为测量误差。

产生测量误差的原因可概括为下面三个方面：

1. 观测者的原因

在测量过程中，由于观测者的感官局限性，在仪器操作、照准、读数等方面都会产生误差。另外，观测者的操作熟练程度也会对观测成果带来影响。

2. 仪器的原因

由于测量仪器构造与检校的不完善，从而使测量结果中会产生误差。如水准仪的视准轴与水准轴不平行的误差会对高差产生影响；度盘的刻划误差会对角度测量产生影响等。

3. 外界环境的影响

客观环境（亮度、温度、湿度、风力等）在不断地变化，会使得测量结果产生误差。如风吹和日照及温度的变化都会使仪器稳定性受影响；大气折光会使照准发生偏差等。

由于观测值是要由人用一定的仪器在一定的客观环境中观测而得的，所以测量结果的精确性必然受人、仪器、环境这三方面条件（观测条件）制约。测量结果中将始终存在着误差而使"真值不可得"。这个论断已为无数的测量实践证明是正确的。由于误差的不可避免性，因此测量人员必须要充分地了解影响测量结果的误差来源和性质，以便采取适当的措施，使产生的误差不超过一定限度；同时掌握处理误差的理论和方法，以便消除偏差并取得合理的数值。

二、测量误差分类

测量误差按其性质可分为两类：

1. 系统误差

在相同的测量条件下的测量序列中，各测量值的测量误差的数值、符号保持不变或按某确定的规律变化的测量误差称系统误差。系统误差一般总是可以预期其出现，并可按其出现的规律予以减弱或消除的。系统误差是有累积性的，所以，对观测结果的影响很大，必须采取相应措施消除或减弱。例如：测角中采用正倒镜观测取中数法，以消除某些仪器误差；水准测量中，采取前、后视距离相等措施，以消除 i 角及两差的影响；量距中需加尺长、温度、倾斜改正数等等。

2. 偶然误差

在相同的测量条件下的测量序列中，各测量值的测量误差的数值、符号具有不确定性，但又服从一定统计规律的测量误差，称为偶然误差。由于偶然误差不能确知其产生的具体原因，因此也就无法预期其大小和符号而加以改正。例如：估读的误差有可能大一些也可能小一些；大气折光变化对视线的影响，可能使视线偏高也可能偏低，可能偏左也可能偏右；自然界瞬息万变的影响更难——预期。

由前所述可知，由于系统误差是可以并且必须改正的，所以测量结果中的系统误差绝大部份可认为已经消除，剩下的主要是偶然误差。因此，以后的各项讨论中，在理论上都将假定测量结果中仅仅含有偶然误差。

在测量作业中也会产生粗差——超过规定限度的误差，它包括因一时疏忽而产生的错误（测错、记错等）。粗差极易在重复观测中发现并予以剔除。显然，粗差和错误的产生是与测量人员的技术熟练程度和工作作风有密切关系的，技术生疏或者工作不认真等无疑要影响成果的质量，并容易产生错误。测量成果中是不允许有错误的，错误的成果应当舍弃，并重新观测。

三、偶然误差特性

在观测值中的系统误差被消除或减弱后，观测结果中主要是偶然误差的影响。

设某量的真值为 L，观测值为 l，l 与 L 之差叫做真误差，常以 δ 表示：

$$\delta = l - L$$

显然，观测一次，就会产生一个 δ，通过大量的 δ 就能反映出一定的规律性。

例如有资料表明，用在相同条件下观测的 1558 个三角形的全部内角，计算各三角形的闭合差，并作了如表 6-1 的统计。这些闭合差都可认为是偶然误差。

分析表 6-1 可以看出：绝对值小的误差个数，要比绝对值大的误差个数多得多；绝对值相等的正误差与负误差个数基本相等；误差的最大值是 3″。

通过多次实验，都可得出上述类似结论，这是偶然误差出现的规律性的反映。因此，基于实验结果可得出偶然误差的下列特性：

（1）在一定的观测条件下，偶然误差的绝对值不会超过一定的限值。

（2）绝对值小的偶然误差，比绝对值大的偶然误差出现的机会多。

（3）绝对值相等符号相反的偶然误差，出现的机会相等。

（4）当观测次数无限增多时，偶然误差的算术平均值趋于零，即 $\lim\limits_{n \to \infty} \dfrac{[\delta]}{n} = 0$。

算 术 平 均 值
表 6-1

误差大小的范围	真误差（闭合差）的个数		
	正	负	总 数
0″.00 ~ 0″.50	259	270	529
0.51 ~ 1.0	226	218	444
1.01 ~ 1.50	160	168	328
1.51 ~ 2.00	100	101	201
2.01 ~ 2.50	28	22	50
2.51 ~ 3.00	1	5	6
Σ	774	784	1558

四、误差曲线

18 世纪末，高斯根据概率理论和实验结果所得的结论，给出了偶然误差的分布规律

（高斯误差定律）为

$$\rho_{(\delta)} = \frac{h}{\sqrt{\pi}} e^{-h^2\delta^2}$$

式中　$\rho_{(\delta)}$——δ 出现的概率；

　　　　h——依条件而定的常数。

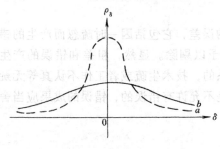

图 6-1　误差曲线

为了比较形象地表达上述规律，以 $\rho_{(\delta)}$ 为纵坐标、δ 为横坐标（相当于用表 6-1 中真误差出现个数为纵坐标；真误差的大小为横坐标），画出函数 $\rho_{(\delta)}$ 曲线，其形状如图 6-1 所示。这个曲线就叫高斯误差曲线。

由图可明显地看出：曲线的峰愈高、愈陡峭，说明小误差多，大误差少，观测结果的质量就好。反之，曲线的峰低而平缓，说明大误差多，观测结果的质量就不好。如图 6-1 中，相应于 a 曲线的成果质量就高于 b 曲线的成果质量。

第二节　衡量精度的标准

精度就是测量值精确的程度或者是它精密的程度。一般认为测量结果的误差小，则其精度高；误差大，则精度低。实际上，精度也就是通过误差来表达的。对于条件相同的各个独立观测，可以认为其误差产生的机会均等。因此，观测结果亦具有同样的可靠程度。也就是说，它们的精度属同一等级，所以称之为等精度观测。实际工作中，主要采用的精度标准有中误差、相对误差、极限误差，现分别介绍如下：

设对真值为 L 的量，进行了 n 次等精度观测，得到 n 个独立观测值 l_1、l_2……l_n。则其相应的真误差为

$$\delta_1 = l_1 - L$$

$$\delta_2 = l_2 - L$$

$$\cdots \quad \cdots$$

$$\delta_n = l_n - L$$

由于 L 不可得，故无法计算 δ_i。再有，δ_i 的出现具有偶然性，若以任一个 δ_i 来表示某种条件下作业所达到的精度也不恰当。故而应从某种条件下所得一组真误差 δ_1、δ_2……δ_n 作总的考虑，寻求具有代表性的、比较合理的误差来表达该条件下作业所达到的精度。为此，可用以下几种方式来衡量精度。

1.中误差（均方根误差）

测量上将真误差平方的平均值的平方根叫做中误差，一般用 m 表示。即

$$m = \pm\sqrt{\frac{\delta_1^2 + \delta_2^2 + \cdots\cdots + \delta_n^2}{n}} = \pm\sqrt{\frac{[\delta\delta]}{n}} \qquad (6-1)$$

或

$$m^2 = \frac{\delta_1^2 + \delta_2^2 + \cdots\cdots + \delta_n^2}{n} = \frac{[\delta\delta]}{n} \qquad (6\text{-}2)$$

m 表示每个观测值 l_i 的精度，是观测值 l_i 的中误差。

例：对真值为 68°46′26″ 的角，进行了两组各 5 次等精度观测，其结果如表 6-2 所列。试计算两组的观测值的中误差。

解：按式 (6-1)，计算在表格中进行，结果也列在表格中。

表 6-2

第 一 组			第 二 组		
编 号	l	δ	编 号	l	δ
1	68°46′27″	+ 1	1	68°46′25″	− 1
2	20	− 6	2	21	− 5
3	32	+ 6	3	29	+ 3
4	24	− 2	4	24	− 2
5	29	+ 3	5	27	+ 1
$m_1 = \pm \sqrt{\dfrac{86}{5}} = \pm 4.1''$			$m_2 = \pm \sqrt{\dfrac{40}{5}} = \pm 2''.8$		

误差大小是以其绝对值来比较的，上例中，计算结果为 $|m_1| > |m_2|$，所以第一组观测值的精度不如第二组。

2．极限误差

按照高斯误差定律，可以根据偶然误差的大小计算其出现的概率。计算结果并经实践验证，下列关系式是可靠的：

$$\rho_{(|\delta| > |m|)} = 32\%$$

$$\rho_{(|\delta| > 2|m|)} = 4.5\%$$

$$\rho_{(|\delta| > 3|m|)} = 0.27\%$$

就是说，绝对值大于中误差、大于二倍中误差、大于三倍中误差的偶然误差，其出现机会分别为：32、4.5%、0.27%。亦即在 100 个误差中，可能有 32 个大于中误差。大于二倍中误差的，200 个中可能有 9 个。大于三倍中误差的，则在 370 个误差中可能有一个。因此，在有限次数的作业中，可以认为超过三倍中误差的偶然误差几乎是不会出现的。所以，将中误差的 2 倍作为极限误差。

3．相对误差

凡能表达观测值中所含有的误差本身之大小数值的，如真误差、中误差等统称之为绝对误差。将绝对误差除以相应的观测量，并化成分子为 1 的分式来表达精度，这种分式叫做相对误差。即

$$相对误差 = \frac{绝对误差}{相应的观测量} = \frac{1}{A}$$

例如，甲丈量了 1000m 距离，中误差为 ± 10cm。乙丈量了 100m 距离，中误差为 ± 2cm。能否仅依中误差的大小就断言乙的结果精度高呢？答案显然是否定的。在这种情况下，必须将绝对误差与观测量的本身大小综合在一起表示，才能得出正确的概念。

依此，若计算上述甲、乙两作业结果的相对误差，可得甲为 $\dfrac{10}{100000} = \dfrac{1}{10000}$；乙为

$\dfrac{2}{10000} = \dfrac{1}{5000}$。显然，乙的作业质量不如甲。

第三节　误差传播定律

由于间接观测值总是某些独立观测值的函数，因此其误差必然决定于这些独立观测值的误差。换言之，存在着函数关系的观测值，它们的误差亦必然存在着某种函数关系。这种关系的数学表达式，通常叫做误差传播定律。下面先讨论较简单的情况，然后再研究一般情况。

一、和、差函数的中误差

设有函数

$$s = x \pm y \tag{6-3}$$

式中　x、y——独立观测值。

当 x、y 具有真误差 δ_x、δ_y 时，则 s 便相应产生真误差 δ_s。由式（6-3）可得

$$s + \delta_s = (x + \delta_x) \pm (y + \delta_y)$$
$$= (x \pm y) + (\delta_x \pm \delta_y)$$

代入式（6-3）则有

$$\delta_s = \delta_x \pm \delta_y$$

此即观测值真误差与函数真误差的关系式。

若对 x、y 都进行了 n 次等精度观测，则可得 n 个真误差关系式

$$\delta_{s_1} = \delta_{x_1} \pm \delta_{y_1}$$
$$\delta_{s_2} = \delta_{x_2} \pm \delta_{y_2}$$
$$\cdots \quad \cdots$$
$$\delta_{s_n} = \delta_{x_n} \pm \delta_{y_n}$$

将以上各等式两端平方，求其总和，再同除以 n，则得

$$\frac{[\delta_s \delta_s]}{n} = \frac{[\delta_x \delta_x]}{n} + \frac{[\delta_y \delta_y]}{n} \pm 2\frac{[\delta_x \delta_y]}{n}$$

由偶然误差特性可知：δ_x、δ_y 数值相等、符号相反的出现机会相等。因此，$\delta_x \cdot \delta_y$ 的积，其数值相等、符号相反的出现机会也是相等的。所以，代数 $[\delta_x \delta_y]$ 亦具有相消性。即当 $n \to \infty$ 时，$[\delta_x \delta_y] \to 0$。

故可将上式右端第三项略而不计，写成

$$\frac{[\delta_s \delta_s]}{n} = \frac{[\delta_x \delta_x]}{n} + \frac{[\delta_y \delta_y]}{n}$$

按式（6-2）的中误差定义，上式即为：$m_s^2 = m_x^2 + m_y^2$　即

$$m_s = \pm \sqrt{m_x^2 + m_y^2} \tag{6-4}$$

式中　m_s、m_x、m_y 分别为 S、x、y 的中误差。

若令 $m_x = m_y = m$，则有：$m_s = \pm\sqrt{2}\,m$。

测量工作中，有着大量的具有和、差函数形式的间接观测，诸如：测角中，水平角为

两水平方向值之差；水准测量中，一测站的高差为前、后视标尺读数之差；路线总高差为各测站高差之和等等。

例1 设在经纬仪测角中，角 α 由两方向值之差求得。若每一方向值的中误差均为 $\pm 15''$，试求角 α 的中误差。

解： 设两方向值为 β_1、β_2，则

$$\alpha = \beta_2 - \beta_1$$

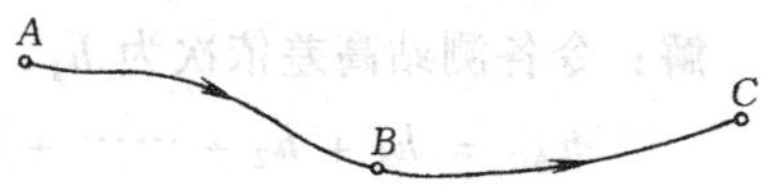

故按式（6-4）便有

$$m_a^2 = m_{\beta_1}^2 + m_{\beta_2}^2$$

图 6-2 水准路线

已知 $m_{\beta_1} = m_{\beta_2} = \pm 15''$，所以得

$$m_a = \pm 15'' \sqrt{2} = \pm 22''$$

例2 如图 6-2，在水准路线 AC 中，已知两测段观测高差的中误差 $m_{h_{AB}} = \pm 75mm$，$m_{h_{BC}} = \pm 66mm$，试求高差 h_{AC} 的中误差。

解： 因为 $h_{AC} = h_{AB} + h_{BC}$，所以由式（6-4）得

$$m_{h_{AC}} = \pm \sqrt{m_{h_{AB}}^2 + m_{h_{BC}}^2} = \pm \sqrt{75^2 + 66^2} = \pm 99.9mm$$

当函数为 n 个独立观测值的代数和时，即当

$$s = x_1 \pm x_2 \pm \cdots\cdots \pm x_n$$

则可得：

$$m_s^2 = m_1^2 + m_3^2 + \cdots\cdots + m_n^2 \tag{6-5}$$

若：$m_1 = m_2 = \cdots\cdots = m_n = m$，则上式便可写成：

$$m_s = m \sqrt{n} \tag{6-6}$$

式（6-5）说明：和或差函数的中误差的平方，等于各独立观测值中误差平方和。

例3 设等精度观测了 n 个三角形的所有内角，算得各三角形闭合差为 W_1、W_2……W_n。试用这些闭合差计算每个观测角的中误差。

解： 设三角形之三内角为 α_i、β_i、γ_i，其和为 Σ_i。于是有

$$W_i = (\alpha_i + \beta_i + \gamma_i) - 180° = \Sigma_i - 180°$$

因为 $180°$ 是三内角之和 Σ 的真值，所以 W_i 是 Σ_i 的真误差。按中误差定义，则有

$$m_\Sigma = \pm \sqrt{\frac{[WW]}{n}}$$

又因 $\Sigma_i = \alpha_i + \beta_i + \gamma_i$，所以有

$$m_\Sigma^2 = m_{a_i}^2 + m_{\beta_i}^2 + m_{\gamma_i}^2$$

由于 α_i、β_i、γ_i 均为等精度观测，故可令 $m_{ai} = m_{\beta i} = m_{\gamma_i} = m$，也即 $m_\Sigma^2 = 3m^2$。代入中误差的定义式，则得

$$m = \frac{m_\Sigma}{\sqrt{3}} = \pm \sqrt{\frac{[WW]}{3n}} \quad （n \text{ 为三角形个数}） \tag{6-7}$$

式（6-7）就是用三角形闭合差估算测角中误差的公式，叫做菲列罗公式。

用此式来估算测角中误差，通常要求 $n > 10$。如三角形个数少，其结果之可靠性也不

大。

例 4　在距离为 4km 的 A、B 两点间进行路线水准测量。共设有 40 个测站，每测站的距离都大致相等。若每测站的高差中误差 $m_{站}$ 均为 $\pm 3mm$，试求 A、B 两点间高差 h_{AB} 的中误差。

解： 令各测站高差依次为 h_1、h_2……h_{40}，其中误差为 m_1、m_2……m_{40}。依题意可知

$$h_{AB} = h_1 + h_2 + \cdots\cdots + h_{40}; m_1 = m_2 = \cdots\cdots = m_{40} = m_{站} = \pm 3mm。$$

由式（6-6）可得

$$m_{h_{AB}}^2 = m_1^2 + m_2^3 + \cdots\cdots + m_{40}^2 = 40 m_{站}^2，故有$$

$$m_{h_{AB}} = m_{站}\sqrt{40} = \pm 3\sqrt{40} = \pm 19mm$$

由此例可推知：在水准测量中，若各测站为等精度观测，则路线总高差的中误差与测站数的平方根成正比。即：

$$m_h = m_{站}\sqrt{n} \qquad （n \text{ 为测站数}） \tag{6-8}$$

对于水准测量，由于水准路线总是沿较平坦的地面设置的，故在估算水准测量的精度时，通常以路线长度为准；其相应公式推导如下：

设水准路线全长为 S，共设有 n 个测站，各测站距离均为 d。于是有

$$S = nd \quad 即：n = \frac{S}{d}，代入式（6-8），则得：$$

$$m_h = m_{站}\sqrt{\frac{S}{d}} = m_{站}\sqrt{\frac{1}{d}}\sqrt{S}$$

若将上式中 $\frac{1}{d}$ 的分子 1 视为单位长度，则 S 变成不名数，而 $\frac{1}{d}$ 就是单位长度内的测站数。故 $m_{站}\sqrt{\frac{1}{d}}$ 就是单位长度高差的中误差，通常以 μ 表示，即可写成

$$\mu = m_{站}\sqrt{\frac{1}{d}}$$

于是就有

$$m_h = \mu\sqrt{S} \tag{6-9}$$

式（6-9）表明：水准路线高差的中误差与路线长度平方根成正比。

二、倍数函数中误差

设有函数

$$S = kx$$

式中　k 为常数；x 为独立观测值。若函数 s 和独立观测值 x 的真误差分别为 δ_s、δ_x，则有式

$$s + \delta_s = k(x + \delta_x)$$

顾及原函数式，得

$$\delta_s = k\delta_z$$

若对 x 进行 n 次等精度观测，则可得 n 个真误差关系式。各式平方后取其和，并除以 n，则得

$$\frac{[\delta_s \delta_s]}{n} = k^2 \frac{[\delta_x \delta_x]}{n}$$

按中误差定义，上式即为

$$m_s^2 = k^2 \cdot m_x^2$$
$$m_s = k \cdot m_x \tag{6-10}$$

式（6-10）表明：常数与独立观测值乘积的中误差，等于该常数与独立观测值中误差的乘积。

例 5 在 1:1000 比例尺地形图上，量得两点间距离 s 为 125.7mm，其量测中误差 m_s 为 ± 0.2mm。求 s 相应的实地距离及其中误差。

解： 设相应的实地距离为 D，则有

$$D = 1000 \times s = 1000 \times 125.7\text{mm} = 125.7\text{m}$$

按式（6-10），得

$$m_D = 1000 \times m_s = 1000 \times (\pm 0.2\text{mm}) = \pm 0.2\text{m}$$

即相应实地距离为 125.7m，其中误差为 ± 0.2m。也有人将此结果简写为

$$D = 125.7 \pm 0.2\text{m}$$

其意义仍然是：$D = 125.7$m；$m_D = \pm 0.2$m。绝不能误将 125.7 ± 0.2 作为 D，而用于后续的其他计算。

三、线性函数的中误差

设有函数：

$$s = k_1 x_1 \pm k_2 x_2 \pm \cdots\cdots \pm k_n x_n$$

式中 k_i 为常数；x_i 为独立观测值。

令 x_i 相应的中误差为 m_i，真误差为 δ_i。则类似前述，可列出其真误差关系式为

$$\delta_i = k_1 \delta_i \pm k_2 \delta_2 \pm \cdots\cdots \pm k_n \delta_n$$

应用式（6-5）和式（6-10），即可推导而得

$$m_s^2 = k_1^2 m_1^2 + k_2^2 m_2^2 + \cdots\cdots + k_n^2 m_n^2$$
$$m_s = \pm \sqrt{k_1^2 m_1^2 + k_2^2 m_1^2 + \cdots\cdots + k_n^2 m_n^2} \tag{6-11}$$

若 $k_i = k_2 = \cdots\cdots k_n = k$，则上式可变为

$$m_s = \pm k \sqrt{[mm]}$$

若 $m_1 = m_2 = \cdots\cdots m_n = m$，则式（6-11）可变写为

$$m_s = \pm m \sqrt{[kk]}$$

式（6-11）说明：常数与独立观测值乘积之代数和的中误差，等于各常数与相应独立观测值中误差乘积的平方和的平方根。

例 6 由视距公式 $D = kl$ 求距离时，若视距读数 l 按上、下视距丝读数相减而得，即 $l = l_下 - l_上$，当 $k = 100$，视距丝读数中误差 $ml_上 = ml_下 = m$ 时，D 的中误差多大？如果采用半丝（上、中丝或下、中丝）读数又如何？

解： 因为 $D = kl = k(l_下 - l_上) = kl_下 - kl_上$，故按式（6-10）可得

$$m_D = k \sqrt{m_{l_下}^2 + m_{l_上}^2} = km\sqrt{2} = \pm 141\text{ m}$$

当采用半丝读数时，所得视距读数 l' 为 l 的一半，故 $D = 2kl' = 2k$（$l_{中} - l_{上}$）。由于中丝读数精度可认为与上、下丝读数精度相等，因此用半丝视距所得 D 的中误差为：

$$m_D = 2\sqrt{2}km = \pm 282m$$

由此例可知，视距测量中的视距读数误差影响，将依视距乘常数而放大。而用半丝读数，又将比上、下丝读数的误差大一倍。所以，在作业中，提高视距丝读数精度是提高视距精度的关键。当然，同时应尽可能少用或不用半丝读数。

四、任意函数的中误差

设有函数

$$s = f(x_1, x_2 \cdots\cdots x_n)$$

式中 x_1、$x_2 \cdots\cdots x_n$ 为独立观测值。当 x_i 具有真误差 δ_i 时，函数 s 相应地产生真误差 δ_i。即

$$s + \delta_s = f(x_1 + \delta_1, x_2 + \delta_2, \cdots\cdots, x_n + \delta_n)$$

因真误差很小，所以上式可按台劳公式展开，并仅取其一次项，得

$$s + \delta_s = f(x_1, x_2, \cdots\cdots x_n) + \frac{\partial f}{\partial x_1}\delta_1 + \frac{\partial f}{\partial x_2}\delta_2 + \cdots\cdots + \frac{\partial f}{\partial x_n}\delta_n$$

顾及原来函数式，则有

$$\delta_s = \frac{\partial f}{\partial x_1}\delta_1 + \frac{\partial f}{\partial x_2}\delta_2 + \cdots\cdots + \frac{\partial f}{\partial x_n}\delta_n$$

由于对一定的 x_i，其偏导数 $\dfrac{\partial f}{\partial x_i}$ 是为常数，故上式相当于线性函数的真误差关系式。因此同理可得

$$m_s^2 = \left(\frac{\partial f}{\partial x_1}\right)^2 m_{x_1}^2 + \left(\frac{\partial f}{\partial x_2}\right)^2 m_{x_2}^2 + \cdots\cdots + \left(\frac{\partial f}{\partial x_n}\right)^2 m_{x_n}^2$$

$$m_s = \pm\sqrt{\left(\frac{\partial f}{\partial x_1}\right)^2 m_{x_1}^2 + \left(\frac{\partial f}{\partial x_2}\right)^2 m_{x_2}^2 + \cdots\cdots + \left(\frac{\partial f}{\partial x_n}\right)^2 m_{x_n}^2} \tag{6-12}$$

式（6-12）表明：任意函数的中误差，等于该函数按每个观测值所求得的偏导数与相应观测值中误差乘积的平方和的平方根。

不难看出：和差函数、倍数函数、线性函数都是任意函数中的某一特定形式而已。因为，对于和差函数，因 $\dfrac{\partial f}{\partial x_i} = 1$，此时式（6-12）就可转化为式（6-5）；对于线性函数，则因 $\dfrac{\partial f}{\partial x_i} = k_i$，此时式（6-12）就可转化为式（6-11）。

应用误差传播定律时，要特别注意函数中作为自变量的各观测值必须是相互独立的观测值。否则，将导致错误结果。例：

若将视距公式写成

$$D = kl = l + l + \cdots\cdots（加至 k 个）$$

再按式（6-5），得

$$m_D = m_l\sqrt{k}$$

从例6中已知 $m_D = km_l$，那么问题何在呢？问题就在于 $D = kl$ 和 $D = l + l + \cdots\cdots$（加至 k 个）这两个等式所表达的实际观测情况是完全不同的。$D = kl$ 表示观测了一个 l，乘以 k 求得 D。而 $D = l + l + \cdots\cdots$（加至 k 个）表示连续丈量 k 个 l 相加求得 D。显然，这两种作业，误差的产生和传递情况是不一样的。因此，写成 $D = l + l + \cdots\cdots$（至 k 个）实际上仅有一个 l 是独立的。故而导致了错误的结果。

误差传播定律是以各个自变量仅仅含有偶然误差为前提的，所以含有系统误差的观测成果先要进行处理以剔除系统误差。

五、一些独立误差的联合影响

设各独立误差为 δ_1、$\delta_2\cdots\cdots\delta_n$ 时，则其联合影响 δ_s 为

$$\delta_s = \delta_1 + \delta_2 + \cdots\cdots + \delta_n$$

这相当于和差函数的真误差关系式。所以，同理可得：

$$m_s^2 = m_1^2 + m_2^2 + \cdots\cdots + m_n^2 \tag{6-13}$$

式（6-13）表明：各独立误差引起的观测值中误差的平方，等于各独立误差中误差的平方和。

例7 角度观测时，设照准中误差为 $\pm 3''$，对中中误差为 $\pm 5''$，目标不正的中误差为 $\pm 15''$，读数中误差为 $\pm 10''$。试估算这些因素对方向值的联合影响。

解： 设其对方向值的联合影响为 $m_方$，则按式（6-13）可得

$$m_方^2 = 3^2 + 5^2 + 15^2 + 10^2 = 359$$

即

$$m_方 = \pm 19''$$

第四节　等精度观测值的中误差

一、算术平均值原理

设对某未知量进行了 n 次等精度观测，得 n 个观测值 l_1、$l_2\cdots\cdots l_n$。取其算术平均值，即

$$X = \frac{l_1 + l_2 + \cdots\cdots + l_n}{n} = \frac{[l]}{n} \tag{6-14}$$

则 X 就是该未知量的最或是值——最接近于真值的值。

因为，若设该量之真值为 L，各观测值的真误差为 δ_i，则有

$$\delta_1 = l_1 - L$$
$$\delta_2 = l_2 - L$$
$$\cdots\cdots$$
$$\delta_n = l_n - L$$

取其和，得

$$[\delta] = [l] - nL$$

除以 n，得

$$\frac{[\delta]}{n} = \frac{[l]}{n} - L$$

按式（6-14）得知：$\dfrac{[l]}{n} = X$，故有

$$L = X - \frac{[\delta]}{n}$$

由偶然误差特性可知，$[\delta]$ 具有相消性。观测次数愈多，$[\delta]$ 愈小，亦即算术平均值 X 愈接近真值。当观测次数趋于无限多时，$[\delta]$ 趋于零，算术平均值就等于真值。所以算术平均值即为最或是值。

然而，理论上的无穷多次观测，在实际上是不可能的。特别在地形测量中，观测次数总是有限的，但采取算术平均值作为最或是值仍然是最合理的。

二、算术平均值的中误差

式（6-14）可写成

$$X = \frac{1}{n}l_1 + \frac{1}{n}l_2 + \cdots\cdots + \frac{1}{n}l_n$$

式中 $\dfrac{1}{n}$ 为常数，故而上式属线性函数。

由于各观测值系等精度观测，故可设其中误差均为 m。按式（6-11），可得算术平均值 X 的中误差 M 为

$$M^2 = \frac{1}{n^2}m^2 + \frac{1}{n^2}m^2 + \cdots\cdots + （至 n 个）$$

$$= \frac{n \cdot m^2}{n^2} = \frac{m^2}{n}$$

故有

$$M = \frac{m}{\sqrt{n}} \tag{6-15}$$

式（6-15）表明：算术平均值的中误差是观测值中误差的 $1/\sqrt{n}$ 倍。

由此可知，增加观测次数能提高最后结果的精度。但决不能单纯依靠增加观测次数来提高质量，这是由于观测次数增加到一定程度之后，再增加次数时，实际上其所得效益将消失在操作所产生的残留系统误差之中，所以毫无实际意义。

三、等精度观测值的中误差

在直接观测中，由于不知其真值，因而就无法求得真误差来计算观测值中误差，所以在实际工作中，总是利用改正数来计算最或是值的。

设等精度观测列 l_1、$l_2 \cdots\cdots l_n$ 的最或是值为 X。若令 $v_i = X - l_i$，则观测值 l_i 加上 v_i 正好为最或是值。所以，称 v_i 为改正数，又叫最或是改正数。

可列出一组改正数的计算式，即

$$\left.\begin{aligned} v_1 &= X - l_1 \\ v_2 &= X - l_2 \\ \cdots\ &\ \cdots\cdots \\ v_n &= X - l_n \end{aligned}\right\} \tag{a}$$

若设被观测量的真值为 L，观测值 l_i 的真误差为 δ_i，则可列出一组真误差计算式，即

$$\left.\begin{array}{l} \delta_1 = l_1 - L \\ \delta_2 = l_2 - L \\ \cdots \quad \cdots\cdots \\ \delta_n = l_n - L \end{array}\right\} \qquad (b)$$

将（a）、（b）两组相应等式相加，则得

$$\left.\begin{array}{l} \delta_1 + v_1 = X - L \\ \delta_2 + v_2 = X - L \\ \cdots\cdots \quad \cdots\cdots \\ \delta_n + v_n = X - L \end{array}\right\} \qquad (c)$$

$X - L$ 就是 X 的真误差。若以 Δ 表示，则（c）式可写成

$$\delta_1 = \Delta - v_1$$
$$\delta_2 = \Delta - v_2$$
$$\cdots\cdots\cdots\cdots$$
$$\delta_n = \Delta - v_n$$

将上列各等式两端平方，并取其和，得

$$[\delta\delta] = n\Delta^2 + [vv] - 2\Delta[v]$$

除以 n，则为

$$\frac{[\delta\delta]}{n} = \Delta^2 + \frac{[vv]}{n} - 2\Delta\frac{[v]}{n} \qquad (6\text{-}16)$$

由式（a）取总和，可得：$[v] = nX - [l]$，因式中：$X = \dfrac{[l]}{n}$ 代入后，便有

$$[v] = 0 \qquad (6\text{-}17)$$

应特别注意：$[v] = 0$ 是算术平均值所特有的，并可用以检核算术平均值计算的正确性。

于是，将式（6-17）代入式（6-16），可得

$$\frac{[\delta\delta]}{n} = \Delta^2 + \frac{[vv]}{n}$$

按中误差定义可知，当 $n = 1$ 时，中误差即真误差。所以，可用 X 的中误差 M 来代替 Δ。又 $\dfrac{[\delta\delta]}{n}$ 即 m^2，所以上式可改写为

$$m^2 = M^2 + \frac{[vv]}{n}$$

按式（6-15），则有：$M^2 = \dfrac{m^2}{n}$，代入上式得：$m^2 = \dfrac{m^2}{n} + \dfrac{[vv]}{n}$，经数学换算整理，可得

$$m = \pm\sqrt{\frac{[vv]}{n-1}} \qquad (6\text{-}18)$$

式（6-18）即为用改正数计算等精度观测值中误差的计算式，也叫做白塞尔公式。

如将式（6-18）代入式（6-15），则可得用改正数计算算术平均值中误差的公式

$$M = \pm\sqrt{\frac{[vv]}{n(n-1)}} \qquad (6\text{-}19)$$

例1 对某角进行了6次等精度观测，其结果见表6-3第1、2栏中所列。试求该角的最或是值、观测值中误差及最或是值中误差。

解： 在表格中进行各项计算（见表）

计算说明：

（1）按式（6-14）计算最或是值令 $X_0 = 75°35'10''$，各观测值减 X_0 便是各 Δl 值。取其和并除以 n，再将其加 X_0，即得 X。

（2）将 X 减各观测值，得各改正数 v_i。求其总和 $[v]$，视其是否为零以检核 X 和 v_i 计算的正确性。再计算 vv 及 $\Delta l \cdot v$，取其总和，则应有等式 $[vv] = -[\Delta l \cdot v]$。这是又一次计算检核。

表 6-3

编 号	l	Δl	v	vv	$\Delta l \cdot v$	计算
1	75° 32' 13''	3	2.5	6.25	7.5	$m = \pm\sqrt{\dfrac{[vv]}{n-1}}$
2	75 32 18	8	− 2.5	6.25	− 20.0	$= \pm\sqrt{\dfrac{17.5}{6-1}}$
3	75 32 15	5	0.5	0.25	2.5	
4	75 32 17	7	− 1.5	2.25	− 10.5	$= \pm 1.9''$
5	75 32 16	6	− 0.5	0.25	− 3.0	$M = \dfrac{m}{\sqrt{n}} = \pm 0''.8$
6	75 32 14	4	1.5	2.25	6.0	
	$X_0 = 75°32'10''$ $X = X_0 + \dfrac{[\Delta l]}{n}$ $= 75°32'15''.5$	$[\Delta l] = 33''$ $\dfrac{[\Delta l]}{n} = 5''.5$	$[v = 0]$	$[vv] = 17.5$	$[\Delta l.v] = -17.5$	

（3）按式（6-18）计算 m。

（4）按式（6-19）或式（6-15）计算 M。

第五节 观 测 值 的 权

一、权的概念

实际工作中经常会碰到不等精度观测值求最或是值并评定精度的情况，要解决好这一问题，首先要用到权的概念。

例如图6-3，A 为已知水准点，A、B 之间设置了 Z_1、Z_2、Z_3 三条水准路线，以测定 B 点高程。设其测站数分别为16、9、25个，求得 B 点的高程相应为 H'_B、H''_B、H'''_B。

若不计 A 点的高程误差影响，并设各测站高差中误差均为 m，则 B 点高程三个结果的中误差为

$$m_{H'_B} = \sqrt{16}\,m = \pm 4m$$

$$m_{H''_B} = \sqrt{9}\,m = \pm 3m$$

$$m_{H'''_B} = \sqrt{25}\,m = \pm 5m$$

显然，H'_B、H''_B、H'''_B 是一组不等精度观测值。

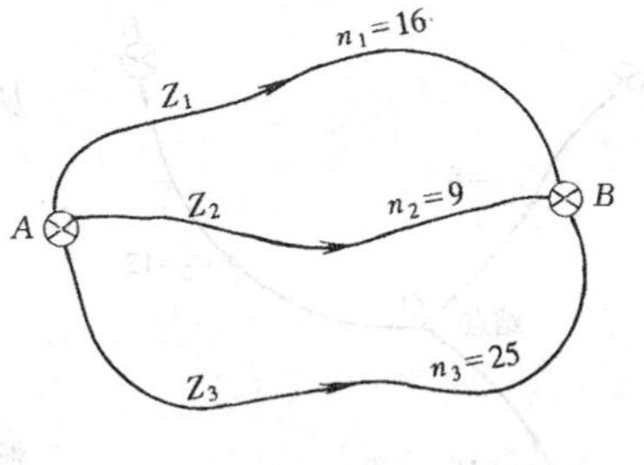

B 点高程的最或是值显然不能简单地取其算术平均值，而需考虑不同精度的观测值在最后结果中占有不同的分量才较合理。精度高的应该占分量大些，精度低的则分量应小些。这些不同的分量要用具体数字表示，这种数字就是观测值的权，即

观测值的权就是观测值之间比较精度用的比值。

图 6-3 两点间不同的水准路线

既然权与精度相关，而精度又是用中误差来表达的，因此，用中误差来确定相应的权是比较适宜的。根据最小二乘法理论：观测值的权与其中误差平方成反比。设某观测值的中误差为 m，则其权 p 可按下式确定

$$p = \frac{\mu^2}{m^2} \tag{6-20}$$

式中 μ——任选的常数。

在同一组观测值中确定权时，μ 应为同一数值。

式（6-20）是各种情况下确定权的最根本的关系式。

数值为 1 的权，叫做单位权。权为 1 的观测值叫做单位权观测值，其相应的中误差就叫单位权中误差。故而在式（6-20）中，当 $p=1$ 时，则 $\mu = m$。所以任选常数 μ 实质上就是单位权中误差。式（6-20）还可写成

$$\mu = m\sqrt{p} \tag{6-21}$$

$$m = \frac{\mu}{\sqrt{p}} \tag{6-22}$$

式（6-20）、（6-21）、（6-22）三个关系式，在处理不等精度观测中是经常用到的。

二、测量上常用定权的方法

例 1 对某角进行了两组观测，第一组观测 4 测回，得平均值为 β_1。第二组观测 6 测回，得平均值为 β_2。设每测回的观测值中误差均为 m，求 β_1 和 β_2 的权。

解：因为每测回的观测值中误差均为 m，所以，可知 β_1、β_2 的中误差 m_1、m_2 分别为

$$m_1 = \pm\frac{m}{\sqrt{4}}; m_2 = \pm\frac{m}{\sqrt{6}}$$

若按式（6-20），可得 β_1、β_2 的权分别为 p_1、p_2

$$p_1 = \frac{\mu^2}{m_1^2} = 4\left(\frac{\mu}{m}\right)^2$$

$$p_2 = \frac{\mu^2}{m_2^2} = 6\left(\frac{\mu}{m}\right)^2$$

令 $\mu = m$，则有

$$p_1 = 4; p_2 = 6$$

4、6 分别是 β_1、β_2 的测回数，由此可得结论：当每测回观测精度相等时，观测的测回数（n）就可作为按这些测回所取的算术平均值的权。换句话说，算术平均值的等精度观测次数（n）可作为该值的权。

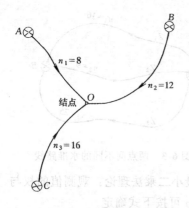

图 6-4　一个结点的水准网

例 2　如图 6-4，有一结点为 O 的水准路线，分别从水准点 A、B、C 测到结点 O，其结果如下

AO 线　$h_1 = +4.236\text{m}$　$n_1 = 8$

BO 线　$h_2 = -1.997\text{m}$　$n_2 = 12$

CO 线　$h_3 = +9.049\text{m}$　$n_3 = 16$

若每一测站的观测高差中误差均为 m，求各路线观测高差的权。

解：设 h_1、h_2、h_3 的中误差和权分别为 m_1、m_2、m_3 和 p_1、p_2、p_3。则按式 (6-8) 有

$$m_1 = m\sqrt{n_1} = m\sqrt{8};$$

$$m_2 = m\sqrt{n_2} = m\sqrt{12};$$

$$m_3 = m\sqrt{n_3} = m\sqrt{16}$$

再按式 (6-20) 可得

$$p_1 = \frac{\mu^2}{m_1^2} = \frac{1}{8}\left(\frac{\mu}{m}\right)^2;$$

$$p_2 = \frac{\mu^2}{m_2^2} = \frac{1}{12}\left(\frac{\mu}{m}\right)^2;$$

$$p_3 = \frac{\mu^2}{m_3^2} = \frac{1}{16}\left(\frac{\mu}{m}\right)^2$$

若令 $\left(\dfrac{\mu}{m}\right)^2 = 48$，则得：

$$p_1 = \frac{48}{6} = 6; p_2 = \frac{48}{12} = 4; p_3 = \frac{38}{16} = 3$$

由此可知，水准测量中，当各测站观测精度相等时，则路线观测总高差（或高程）的权与其测站数成反比。也可直接以测站数的倒数作为权。即

$$p_i = \frac{c}{n_i} \qquad (c \text{ 为任选常数}) \qquad (6-23)$$

水准测量中，也可按路线长度确定权。若设图 6-5 中 AO、BO、CO 三路线长度分别为 S_1、S_2、S_3，单位长度高差中误差为 μ，则按式 (6-12) 可得

$$m_1 = \mu\sqrt{S_1}; m_2 = \mu\sqrt{S_2}; m_3 = \mu\sqrt{S_3}$$

代入式 (6-20) 就有

$$p_1 = \frac{c}{S_1}; p_2 = \frac{c}{S_2}; p_3 = \frac{c}{S_3} \qquad (c \text{ 为任选常数})$$

就是说，水准测量中，当单位长度高差的精度相等时，路线观测的总高差（或观测高程）与路线长度成反比。即

$$p_i = \frac{c}{S_i} \qquad (6-24)$$

总之，水准测量中，测站数和路线长度都可用来确定高差的权。一般在较平坦的地区，单位长度（如 1km）内的测站数大致相同时，可按路线长度来确定权。若地形起伏较

大，而单位长度内的测站数相差较大时，则以测站数来确定权为宜。

三、观测值函数的权

因为权是根据中误差确定的，所以，不难通过误差传播定律，推导出观测值函数的权与观测值的权之间的关系式。设有观测值函数式为

$$s = f(x_1, x_2, \cdots\cdots x_n)$$

式中　x_1、x_2……为独立观测值。并设各观测值的中误差分别为 m_1、m_2……m_n；权分别为 p_1、p_2……p_n。因为已经确定了各观测值的中误差和权，则按式（6-22）就可得关系式分别为

$$m_1^2 = \frac{\mu^2}{p_1}; m_2^2 = \frac{\mu^2}{p_2}; \cdots\cdots m_n^2 = \frac{\mu^2}{p_n}$$

若设函数 s 的中误差为 m_s，权为 p_s，则有

$$m_s^2 = \frac{\mu^2}{p_s}$$

又按式（6-12）可得

$$m_s^2 = \left(\frac{\partial f}{\partial x_1}\right)^2 m_1^2 + \left(\frac{\partial f}{\partial x_2}\right)^2 m_2^2 + \cdots\cdots + \left(\frac{\partial f}{\partial x_n}\right)^2 m_n^2$$

将已知值代入上式，则可写成

$$\frac{\mu^2}{p_s} = \left(\frac{\partial f}{\partial x_1}\right)^2 \frac{\mu^2}{p_1} + \left(\frac{\partial f}{\partial x_2}\right)^2 \frac{\mu^2}{p_2} + \cdots\cdots + \left(\frac{\partial f}{\partial x_n}\right)^2 \frac{\mu^2}{p_n}$$

对上式等号两边同除以 μ^2，得

$$\frac{1}{p_s} = \left(\frac{\partial f}{\partial x_1}\right)^2 \frac{1}{p_1} + \left(\frac{\partial f}{\partial x_2}\right)^2 \frac{1}{p_2} + \cdots\cdots + \left(\frac{\partial f}{\partial x_n}\right)^2 \frac{1}{p_n} \tag{6-25}$$

式（6-25）便是函数的权倒数与观测值的权倒数之间的一般关系式，亦称权倒数传播律。

当已知各自变量的权时，可用以求任意函数的权。

例1　某段距离经往、返丈量，得观测值为 x_1、x_2。若单程观测值的权为1，求往返丈量结果平均值的权。

解： 设 x_1、x_2 的权为 p_1、p_2；又设平均值为 X，其权为 P_X。按题意可知

$$p_1 = p_2 = 1; \quad X = \frac{x_1 + x_2}{2} = \frac{1}{2}x_1 + \frac{1}{2}x_2$$

故有

$$\frac{1}{P_X} = \left(\frac{1}{2}\right)^2 \frac{1}{p_1} + \left(\frac{1}{2}\right)^2 \frac{1}{p^2} = \frac{1}{4} + \frac{1}{4} = \frac{1}{2}$$

所以

$$P_X = 2$$

此结果说明：当单程丈量结果之权为1时，往返丈量平均值之权为2。

例2　一条水准路线，由已知高程的 A 点测至 B 点，共观测了 n 个测站。若各测站的观测精度相同，且其权均为1。求 B 点高程的权。

解： 设各测站之高差为 h_1、h_2……h_n，A、B 点高程分别为 H_A、H_B。则有

$$H_B = H_A + \sum_{1}^{n} h_i$$

因为实际工作中一般不计算已知点高程 H_A 的误差影响，亦即 H_A 之权倒数可视为零。于是按式（6-25）可得

$$\frac{1}{p_{H_B}} = \sum_{1}^{n} \frac{1}{p_{hi}}$$

由于按题意 $p_{h_i} = 1$，所以 $\frac{1}{p_{hi}} = 1$

故而

$$\frac{1}{p_{H_B}} = n \quad 即 \quad p_{H_B} = \frac{1}{n}$$

第六节　带权平均值及其中误差

一、带权平均值

在解决权的问题后，就可以讨论如何处理一组不等精度观测值，求其最或是值和评定精度。

设在相同条件下观测同一角，第一回观测了 10 次，第二回观测了 7 次，第三回观测了 4 次，结果的平均值分别为

$$135°49'18.''3 \qquad （10 次观测）$$
$$135°49'17''.1 \qquad （7 次观测）$$
$$135°49'22''.5 \qquad （4 次观测）$$

因为在相同条件下观测，所以每一个观测都应是等精度的。然而，三个平均值则是一个不等精度观测列。

设第一回的 10 次观测结果为

$$l'_1、l'_2 \cdots\cdots l'_{10}$$

第二回的 7 次观测结果为

$$l''_1、l''_2 \cdots\cdots l''_7$$

第三次的 4 次观测结果为

$$l'''_1、l'''_2 \cdots\cdots l'''_4$$

由于 l'_i、l''_i、l'''_i 为等精度观测，亦即该角等精度观测了（10 + 7 + 4）次。按算术平均值原理，则该角的最或是值为

$$X = \frac{l'_1 + l'_2 + \cdots\cdots + l'_{10} + l''_1 + l''_2 + \cdots\cdots + l''_7 + l'''_1 + l'''_2 + \cdots\cdots + l'''_4}{10 + 7 + 4}$$

又已知

$$\frac{[l'_i]}{10} = 135°49'18''.3;$$

$$\frac{[l''_i]}{7} = 135°49'17''.1;$$

$$\frac{[l'''_i]}{4} = 135°49'22''.5。$$

故有

$$X = \frac{10 \times 135°49'18''.3 + 7 \times 135°49'17''.1 + 4 \times 135°49'22''.5}{10 + 7 + 4}$$

$$= 135°49'18''.7。$$

由上节可知，算术平均值的等精度观测次数可作为权，因而上式中的 10、7、4 就是各平均值所相应的权。

同理可知，若对某一未知量进行了 n 次不等精度观测，得观测值为 L_1、$L_2 \cdots\cdots L_n$，其相应的权为 P_1、$P_2 \cdots\cdots P_n$。则可将 L_i 视为 p_i 次等精度观测的算术平均值，即

$$L_1 = \frac{l_1^{(1)} + l_2^{(1)} + \cdots\cdots + l_{p_1}^{(1)}}{P_1}$$

$$L_2 = \frac{l_1^{(2)} + l_2^{(2)} + \cdots\cdots + l_{p_2}^{(2)}}{P_2}$$

$$\cdots\cdots\cdots\cdots\cdots\cdots\cdots$$

$$L_n = \frac{l_1^{(n)} + l(n)_2 + \cdots\cdots + l_{p_n}^{(n)}}{P_n}$$

故其最或是值 X 为

$$X = \frac{l_1^{(1)} + l_2^{(1)} + \cdots + l_{p_1}^{(1)} + l_1^{(2)} + l_2^{(2)} + \cdots + l_{p_2}^{(2)} + \cdots + l_1^{(n)} + l_2^{(n)} + \cdots + l_{p_n}^{(n)}}{P_1 + P_2 + \cdots + P_n}$$

$$= \frac{P_1 L_1 + P_2 L_2 + \cdots + P_n L_n}{P_1 + P_2 + \cdots + P_n} = \frac{[PL]}{[P]} \tag{6-26}$$

式 (6-26) 即为求不等精度观测列之最或是值的公式。

X 叫做广义算术平均值，也称为带权平均值或权中数。

不难发现：式 (6-14) 的算术平均值 X，仅是式 (6-26) 当 $P_1 = P_2 = \cdots\cdots P_n = 1$ 时的一个特例而已。

广义算术平均值的中误差，则可按式 (6-26) 依线性函数中误差公式推算：

设 L_1、$L_2 \cdots\cdots L_n$ 的中误差分别为 m_1、$m_2 \cdots\cdots m_n$。由于

$$X = \frac{P_1}{[P]} L_2 + \frac{P_2}{[P]} L_2 + \cdots + \frac{P_n}{[P]} L_n$$

则有

$$M^2 = \frac{P_1^2}{[P]^2} \cdot m_1^2 + \frac{P_2^2}{[P]^2} m_2^2 + \cdots + \frac{P_n^2}{[P]^2} m_n^2$$

又因：$m_i^2 = \frac{\mu^2}{P_i}$，所以代入上式，得

$$M^2 = \frac{P_1 \mu^2}{[P]^2} + \frac{P_2 \mu^2}{[P]^2} + \cdots\cdots + \frac{P_n \mu^2}{[P]^2}$$

$$= \frac{[P]}{[P]^2} \mu^2 = \frac{\mu^2}{[P]}$$

故有

$$M = \frac{\mu}{\sqrt{[P]}} \qquad (6\text{-}27)$$

式（6-27）表明：$[P]$ 即 X 的权，亦即

$$P_X = [P] \qquad (6\text{-}28)$$

就是说，广义算术平均值的权等于各观测值权之和。

二、单位权中误差

单位权中误差是衡量不等精度观测值精度的一个标准。只要知道观测值的权，便可通过单位权中误差，求得观测值的中误差。由于观测值的真误差无法直接求得，实际工作中只能用改正数求得单位权中误差，然后求得观测值的中误差。

设有不等精度观测列为 L_1、L_2……L_n，其权分别为 P_1、P_2……P_n，最或是值为 X，改正数为 V_1、V_2……V_n，则单位权中误差可按下式求得：

$$\mu = \pm\sqrt{\frac{[PVV]}{n-1}} \qquad (6\text{-}29)$$

式（6-29）即为用改正数计算单位权中误差的公式。

处理一组不等精度观测值的基本步骤归纳如下：

（1）由观测值求最或是值

$$X = \frac{[PL]}{[P]}$$

当需要时，先确定各观测值相应的权。

（2）用改正数计算单位权中误差

$$\mu = \pm\sqrt{\frac{[PVV]}{n-1}}$$

（3）计算最或是值中误差和某些观测值中误差

$$M = \frac{\mu}{\sqrt{[P]}} = \pm\sqrt{\frac{[PVV]}{[P](n-1)}}$$

$$m_i = \frac{\mu}{\sqrt{P_i}} = \pm\sqrt{\frac{[PVV]}{P_i[n-1]}}$$

例 1 对某角进行了 5 次观测，每次的测回数及其平均值如表 6-4 所列。设每测回的观测精度均相等，求该角的最或是值及其中误差。

表 6-4

编号	观测值 L	测回数	P	ΔL	$P\Delta L$	V	PV	PVV	$PV\Delta L$	
1	62° 14′ 12″	2	2	2″	4″	2.8	5.6	15.7	11.2	$\mu = \pm\sqrt{\dfrac{204.8}{5-1}}$
2	62 14 10	4	4	0	0	4.8	19.2	92.2	0	$= \pm 7''.2$
3	62 14 16	6	6	6	36	−1.2	−7.2	8.6	−43.2	$M = \pm\dfrac{7.2}{\sqrt{30}}$
4	62 14 18	8	8	8	64	−3.2	−25.6	81.9	−204.8	
5	62 14 14	10	10	4	40	0.8	8.0	6.4	32.0	$= \pm 1''.3$
	$X_0 = 62° 14′ 10''$ $X = 62″14°14′.8$		30		144 $\dfrac{144}{30} = 4''.8$		0	204.8	−204.8	

106

解： 所有计算均在表格中进行。

计算说明：

（1）先确定各观测值的权。由于各观测值均为算术平均值，所有测回均为等精度观测，故可直接以测回数作为权。再计算最或是值。为方便计，同样可采用"去整算零"的方法，即令 $L_i = X_0 + \Delta L_i$，则有：

$$X = \frac{[PL]}{[P]} = \frac{[P(X_0 + \Delta L)]}{[P]} = \frac{X_0[P] + [P\Delta L]}{[P]} = X_0 + \frac{[P\Delta L]}{[P]}$$

（2）然后，按 $V_i = X - L_i$ 计算各改正数。

计算 $P_i V_i$，求其和。$[PV]$ 应为零，这可检核前面的计算正确性。

再计算 PVV、$PV\Delta L$（或 PVL），并按下式检核计算

$$[PVV] = -[PVL] = -[PV\Delta L]$$

（3）最后，计算 μ 和 M。例如，欲求第二个观测值的中误差 m_2，则

$$m_2 = \frac{\mu}{\sqrt{P_2}} = \pm \frac{7.2}{\sqrt{4}} = \pm 3.6''$$

思 考 题

1. 直接观测值与间接观测值的区别是什么？

2. 偶然误差有哪些特性？请根据自己的理解加以说明。

3. 解释下列名词：

中误差　　　　极限误差　　　　绝对误差　　　　相对误差

4. 权的意义是什么？单位权、单位权观测值、单位权中误差的含义又是什么？

5. 试述测量上常用定权方法及其结论。

习 题

1. 按下列两组真误差分别计算出中误差，并比较两组观测值的精度：

第一组：$+0.02$，-0.25，$+0.66$，-1.15，-0.02，-0.28

　　　　$+0.67$，$+1.18$，$+0.25$，-0.66，$+1.12$，-2.42

第二组：-0.05，-0.50，$+0.71$，$+1.72$，$+0.15$，$+0.50$

　　　　-0.72，-1.28，$+0.17$，-0.58，$+0.95$，-1.55

2. 水平角观测时，若一方向的一次读数中误差为 $\pm 12''$，那么，半测回一角值的中误差为多少？

3. 视距测量中，l 是由上、下丝读数之差求得，即 $l = l_下 - l_上$，若上下丝的读数中误差均为 $\pm t$，求 l 的中误差 m_l。

4. 同精度丈量某线两次。若一次丈量结果之中误差为 $\pm \mu \sqrt{d}$，求两次丈量结果之差的中误差。

5. 等精度观测三角形三内角，已知三内角和的中误差为 $\pm 5''$，求相应的测角中误差和方向中误差。

6. 在水准测量中，单面高差是由前后视两次照准标尺的读数之差求得的，其高差的中误差为 $\pm 4\text{mm}$，求一次照准标尺的读数中误差。

7. 在距离为 8km 的 AB 两点间进行水准测量，共设了 80 个站，各测站距离大致相等，又知每测站的高差观测中误差 $M_站$ 为 $\pm 4\text{mm}$，求每千米高差的观测中误差和 AB 两点间的高差 h_{AB} 的中误差，并估算 h_{AB} 的极限误差。

8. 在水准测量中，设一测站上前、后视标尺的一次读数中误差均为 m，求黑、红面高差中数的中误差。

9. 同一角度观测了 10 次（同精度）

顺序	观测值	顺序	观测值
1	85°42′12″	6	85°42′01″
2	42 00	7	42 03
3	41 58	8	42 08
4	42 04	9	41 54
5	42 06	10	41 56

求：该角的最或是值、观测值中误差及最后结果的中误差。

10. 等精度观测三角形之内角。若一个角的权为 1，试求一方向的权及三角形闭合差的权。

11. 已知某角度测量中误差为 ± 2″，权为 12，试求单位权中误差。

12. 图 6-5 中，已知 $H_A = 13.901$m、$H_B = 13.804$m、$H_C = 12.909$m，又：$h_1 = + 2.401$m ± 6mm、$h_2 = + 2.490$m ± 8mm、$h_3 = + 3.385$m ± 5mm，求 P 点的最或是高程及其中误差。

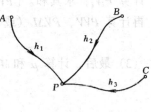

图 6-5

第七章 解析图根控制测量

第一节 概 述

一、国家基本平面控制网的概念

国家大地控制网是为了满足国防、科研及经济建设等各种不同的需要在全国领土范围内建立的精密控制网。用以控制平面位置的为基本平面控制网；用以控制高程的为基本高程控制网。

我国的国家平面控制网是按从整体到局部、从高级到低级的原则布设的。依次分为一、二、三、四等四个等级。控制点的密度逐级加大，而精度要求逐级降低。

建立国家平面控制网的主要方法是：三角测量、精密导线测量及 GPS 测量。

若地面上选定相互通视的一系列点组成连续三角形，这些连续三角形所构成的锁状或网状图形，叫做三角锁或三角网。用精密的仪器和严密的方法测算出三角锁（网）中各点的坐标，这便是三角测量。

若将一系列地面点组成导线，精密地测算各点坐标，这就是精密导线测量。

所有属于国家大地控制网的各类控制点（三角点、导线点、水准点、天文点）统称为大地控制点，简称为大地点。

一等三角锁是国家平面控制网的骨干，其布设大致上是沿着经纬线方向构成纵横交叉的锁系，如图 7-1（a）所示。

二等三角网是在一等三角锁的基础上加密，即在一等锁环内布设成全面三角网，如图7-1（b）所示。

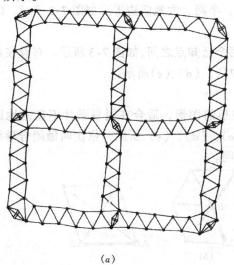

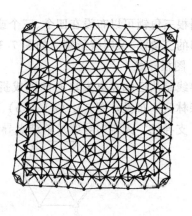

(a)　　　　　　　　　　　　　(b)

图 7-1　国家基本平面控制网

三、四等三角网是在二等三角网基础上的进一步加密（加密的方法可采用插网法和插点法），通常可作为各种比例尺地形测图的基本控制网。

为满足城建、矿区、工程建设等方面所需而测制大比例尺地形图时，测区仅限于某个城市、某个矿区或某个工程工地。如果测区内的国家三、四等三角点太少或者没有国家等级点时，则常需布设三、四等独立网，或布设精度稍低于四等的 5″、10″ 小三角网作为测区的首级控制。

在城市测量中，平面控制主要采用导线测量方法。城市导线等级依次为三等、四等、一级、二级、三级。

二、图根控制的概念

大地控制点的精度较高，而密度较小。依据这些控制点来测图，显然是不够的。因此，需要在基本平面控制点的基础上，进一步加密足够的、能满足测图需要而精度较低的控制点。这些点叫做图根控制点（简称图根点）。

大比例尺测图的图根控制，主要用解析法建立，并以图解法为补充方法。凡由观测得到的数据（角度、长度等），通过计算获得图根点坐标的，叫做解析图根点；而在测图板上直接由图解方法求得点位的，叫做图解图根点。相应测算工作分别叫做解析图根测量和图解图根测量。

图根点是在测区首级控制的基础上加密的，一般可扩展两次。直接由首级控制点扩展的，叫一级图根点。在一级图根点上再扩展一次，就是二级图根点。

图根点的测设方法，应根据首级控制点的分布、测图比例尺、测区内的地形等因素来选择。但无论采用哪种方法，都应保证整个测区内有足够密度和精度的控制点。

解析图根控制的具体布设形式，一般有图根三角网（锁）、图根导线、测角交会法等。

1. 图根三角网和图根三角锁

图根三角网（锁），一般适合于地势开阔的丘陵地区。其优点是布设灵活，加密点多，控制面积大。

图根三角网常用的图形有中点多边形、半网、大地四边形。如图 7-2（a）、（b）、（c）所示。

图根三角锁可以布设在四个、三个或两个已知点之间，如图 7-3 所示。布设在两个已知点之间的三角锁，又叫线形锁。如图 7-3 中（c）、（d）、（e）所示。

2. 图根导线

导线是从已知点出发单向推进成折线形的图形，适合在通视条件不良的地区（如城镇、森林区）布设。图 7-4（a）、（b）、（c）、（d）、（e）所示，依次叫做闭合导线、附合导线、支导线、无定向导线及单结点导线网。

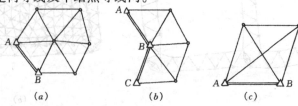

（a）　　　　　　　　（b）　　　　　　　　（c）

图 7-2　图根三角网

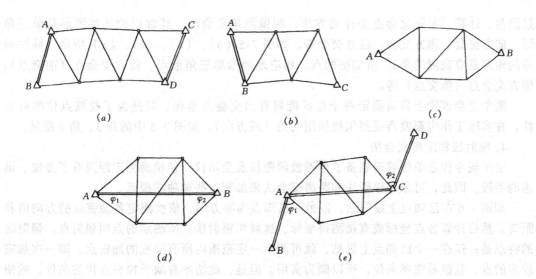

图 7-3　图根三角锁

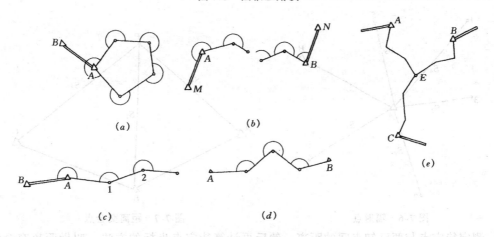

图 7-4　图根导线

导线的各转折点，即为导线点；相邻两导线点间的连线，叫导线边；相邻两导线边之间所夹的水平角，叫折角；已知边与相邻导线边间所夹的水平角，叫连接角。测定出导线各折角、连接角、各导线边水平距离后，就可计算出导线点的坐标。

3. 测角交会法

当两直线相交，通常可确定出一个交点（即交会点），这就是交会法的基本原理。通

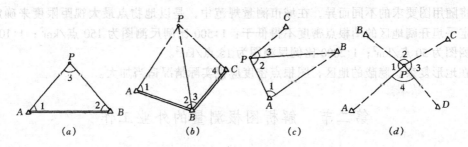

图 7-5　测角交会点

过测角、计算，求得交会点坐标的方法，叫做测角交会法。其常用的几种图形是单三角形、前方交会、侧方交会、后方交会等，如图7-5（a）、（b）、（c）、（d）所示（标注角号的角即是应观测的角）。所加密的点，相应地叫做单三角形点、前方交会点（前交点）、侧方交会点（侧交点）等。

测角交会理论上只需测定两个角就能解算出交会点坐标。但是为了检核点位的可靠性，在实际工作中都要再观测供检核用的角（或方向）。如图7-5中的角3、角4便是。

4. 辐射法和距离交会法

由于现今作业单位普遍装备了电磁波测距仪及全站仪，使精确测定距离有了方便、迅速的手段。因此，可采用辐射法和距离交会法来加密一些单独图根点。

如图7-6在已知点上设测站，以另一已知点为零方向，依次测定各加密点的方向值和距离，然后计算各点坐标或直接测得坐标，这就叫辐射法。所测定的点叫辐射点。辐射法的特点是：仅在一个已知点上设站，就可测定一定范围内所有通视的加密点。即一次加密较多的点，且极易选择点位，所以颇为实用。但是，此法本身缺乏检核点位的条件，故使用时必须考虑采用适当的检核措施。

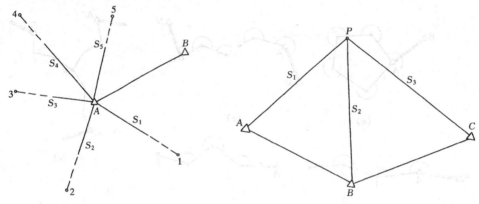

图 7-6　辐射点　　　　　　　　　　图 7-7　距离交会点

测定待定点与两已知点间的距离，然后再计算待定点坐标的方法，叫做距离交合法，如图7-7所示。所测的点，叫距离交会点。若再测定与第三个已知点的距离，是为了进行点位检核。

三、图根点的密度

图根点的密度，主要决定于测图比例尺和地形的复杂程度，并以能保证测站之间的衔接为原则，通常用每平方千米多少点（点/km²）表示，即以一平方千米除以每个图根点的测图面积求得。由于每个图根点的测图面积是按测图的视距限度为依据而确定的，而视距限度将随用图要求的不同而异，在城市测量规范中，是以地物点最大视距限度来确定的。它规定平坦开阔地区的图根点密度不得低于：1:500 比例尺测图为 150 点/km²；1:1000 比例尺测图为 50 点/km²；1:2000 比例尺测图为 15 点/km²。

在地形复杂、隐蔽的地区，图根点密度应视实际情况适当加大。

第二节　解析图根测量的外业工作

解析图根测量工作有外业和内业之分。

在室外进行的作业，主要有踏勘、选点、埋设标志、角度测量、边长测量等工作。

在室内进行的作业，主要有检查观测数据、计算、资料整理等工作。

一、踏勘与设计

当任务确定之后，首先要收集有关资料，主要是测区内和测区附近已建立的各级控制点成果资料以及已有的地形图。然后要到实地察看已有控制点的保存情况、地形条件、交通及物资供应情况等，这就叫踏勘。根据测图要求和踏勘结果，应拟订出图根加密方案、计划以何种形式加密，并在图上设计出大致的图形。

二、选点和设置标志

在实地按照设计并依据实地情况，经过比较与选择后确定图根点具体位置，这一工作叫做选点。所选择的地面点位，通常必须满足下列要求：

（1）土质坚实，利于保存地面点位。决不能将点位选在土质松软或易受损坏之处，并应尽量避开不便于作业的地方。

（2）必须便于架设仪器不阻碍交通，无危险，便于观测。

（3）需要观测的方向必须通视。量距导线还应考虑便于量距。

（4）必须满足对图形的要求。例如：导线的总长、边长应合乎规定；线形锁的三角形个数应不大于 12 个，求距角不小于 30°（个别特殊情况可不小于 20°）；测角交会点的交会角应不小于 30°，不大于 150°；交会点的交会边长，一般应控制在相应测图比例尺图根点平均点距的 2 倍内等。

（5）尽量选在视野开阔之处，使其在测图中能有最大效用。

遵循上述要求选好图根点位置后，再设置点位标志。

三、角度测量

图根控制的角度测量，通常采用 DJ_6 型经纬仪进行，实行两级图根统一观测。水平角一般用方向观测法观测一个测回，当方向超过 3 个时必须归零观测；垂直角一般用中丝法观测一个测回。

在角度观测中，如果几种图形一起观测而使观测方向数较多时，最好事先绘制观测略图，标明各点上应观测的方向，用以防止重复观测或漏测方向。

单一导线的水平角观测，除起、终点外，都只观测一个导线折角（两个方向）。以导线前进方向为准，左侧的叫左折角，右侧的叫右折角。通常观测左折角居多。

图根控制，尤其是图根导线的水平角观测作业，由于边长一般较短，所以要特别注意对中与目标偏心及照准误差的影响。观测时，一定要精确对中。照准点上应采用细而直的觇标（如测钎）主垂直。太短的边则可悬挂垂球线作为照准目标。测钎尖端或垂球尖端要精确对准点位。

四、边长测量

图根控制中的边长测量工作，主要是测定导线边长或在小地区需布设独立网时测定起始边长。边长测量方法除用钢尺直接丈量外，电磁波测距手段已较普遍应用。

当用钢卷尺丈量独立图根网的起始边长时，应采用精密量边方法。而若丈量图根导线边长，则用普通方法往、返丈量即可。图根导线边长的丈量精度，一般为 $\frac{1}{1000} \sim \frac{1}{3000}$。当精度要求为 $\frac{1}{3000}$ 时，若所用钢尺的尺长改正数大于 $\frac{1}{10000}$，则应加尺长改正。量距中的平均温度与检定温度相差大于±10℃时，应加温度改正。尺面倾斜大于1.5%时，也应加倾斜改正。

<h2>第三节　坐标计算的基本公式</h2>

图根平面控制的主要目的是确定点的平面坐标。测量坐标系的建立方法在第二章中已作了介绍，本节主要介绍根据观测数据（角度、边长）求待定点坐标的基本公式。

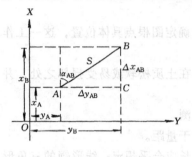

图 7-8　坐标增量

<h3>一、坐标增量</h3>

在平面上由一点移动到另一点时，其坐标的变动量，叫做坐标增量。通常以 Δx、Δy 分别表示该点的纵坐标增量和横坐标增量。一直线段相应的坐标增量亦即该线段两端点坐标之差。

如图 7-8，直线段 AB 的长度为 S，坐标方位角为 α_{AB}，起点 A 和终点 B 的坐标分别为 $(x_A、y_A)$ 和 $(x_B、y_B)$，则直线段 AB 相应的纵、横坐标增量为

$$\Delta x_{AB} = x_B - x_A;\ \Delta y_{AB} = y_B - y_A$$

而 BA 相应的纵、横坐标增量为：

$$\Delta x_{BA} = x_A - x_B;\ \Delta y_{BA} = y_A - y_B$$

显然，Δx_{AB} 与 Δx_{BA}、Δy_{AB} 与 Δy_{BA} 是数值相等、符号相反的。可见：直线上两点的坐标增量，其符号决定于该直线的方向。坐标增量的符号与直线方向的关系，如图 7-9 与表 7-1 所示。

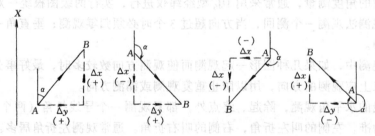

图 7-9　坐标增量的符号

表 7-1

直　线　方　向		增　量　符　号	
坐标方位角	相应的象限	Δx	Δy
0°～90°	北　东	+	+
90°～180°	南　东	−	+
180°～270°	南　西	−	−
270°～360°	北　西	+	−

<h3>二、坐标正算</h3>

根据直线的起点坐标、边长及坐标方位角来计算终点的坐标，这种解算叫做坐标正算。如图 7-8，在三角形 ABC 中，根据直线 AB 的坐标方位角 α_{AB} 及水平距离 S，依数学公

式，可得其坐标增量分别为

$$\left.\begin{array}{l} \Delta x_{AB} = S \cdot \cos\alpha_{AB} \\ \Delta y_{AB} = S \cdot \sin\alpha_{AB} \end{array}\right\} \qquad (7\text{-}1)$$

按上式求得增量后，加起点坐标可得终点坐标。即

$$\left.\begin{array}{l} x_B = x_A + \Delta x_{AB} = x_A + S \cdot \cos\alpha_{AB} \\ y_B = y_A + \Delta y_{AB} = y_A + S \cdot \sin\alpha_{AB} \end{array}\right\} \qquad (7\text{-}2)$$

显然，坐标正算主要是坐标增量的计算。计算中要注意坐标增量的正、负号。

例 1 设平面上线段 AB 长度 $S_{AB} = 143.75$m，方位角 $\alpha_{AB} = 110°15'54''$，起点坐标 $x_A = 103.58$m、$y_A = 50.37$m。求终点 B 的坐标 x_B、y_B。

按式 (7-1)，可得

$$\Delta x_{AB} = -49.79\text{m}; \Delta y_{AB} = +134.85\text{m}$$

再按式 (7-2) 得终点 B 的坐标

$$x_B = x_A + \Delta x_{AB} = 103.58 + (-49.79) = 53.79$$

$$y_B = y_A + \Delta y_{AB} = 50.37 + 134.85 = 185.22$$

现在大多电子计算器上有极坐标与直角坐标换算键，则用该键直接计算坐标增量就比较方便。例如：Casio 计算器上的 REC（γ，θ）键，Sharp 计算器上的 →REC 键，其他计算器上的 P—R 键。

三、坐标反算

根据两点的坐标，计算直线的坐标方位角和两点间距离，叫做坐标反算。如图 7-10，已知 A、B 两点坐标分别为（x_A、y_A）和（x_B、y_B），求 AB 的坐标方位角 α_{AB} 及长度 S_{AB}。

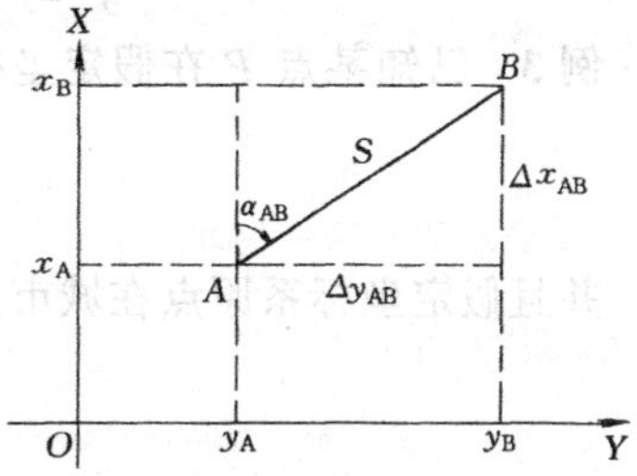

由图可得

$$\alpha_{AB} = \text{tg}^{-1} \frac{\Delta y_{AB}}{\Delta x_{AB}} = \text{tg}^{-1} \frac{y_B - y_A}{x_B - x_A} \qquad (7\text{-}3)$$

$$S_{AB} = \frac{\Delta y_{AB}}{\sin\alpha_{AB}} = \frac{\Delta x_{AB}}{\cos\alpha_{AB}} \qquad (7\text{-}4)$$

$$\text{或 } S_{AB} = \sqrt{(y_B - y_A)^2 + (x_B - x_A)^2} \qquad (7\text{-}5)$$

图 7-10　坐标方位角及边长计算

由于反三角函数计算的结果有多值性，而有些计算器的反三角函数运算结果仅给出小于 90° 的角值。因此，必须依照 Δx 和 Δy 的符号来确定所求方位角所在的象限（见表 7-1），然后，可按三角诱导公式求出正确值。

例 2 已知 A、B 两点坐标 $x_A = 103.58$m、$y_A = 50.37$m、$x_B = 53.79$m、$y_B = 185.22$m，求该线段 AB 的坐标方位角和长度。

按 (7-3) 式算得结果为 $-69°44'05''$，根据坐标增量 Δx_{AB} 为负而 Δy_{AB} 为正，可判知方位角属第 Ⅱ 象限。故有：

$$\alpha_{AB} = 180° - 69°44'05'' = 110°15'55''$$

按式 (7-5)，可算得线段 AB 的长度为：

$$S_{AB} = 143.75\text{m}$$

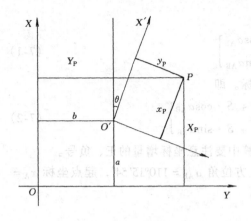

图 7-11 平移与旋转

坐标反算亦可应用计算器上直角坐标化为极坐标的换算键进行计算。例如：Pol（x，y），→Pol 及 R—P 键。

在图根点的计算中，取位要求是：角值取至秒；边长、坐标增量和坐标值，取至厘米。

四、坐标平移与旋转的计算——坐标换算

如图 7-11 所示，X_p、Y_p 为 p 点在城市（或国家）坐标系中的坐标，x_p、y_p 为 p 点在假定坐标系中的坐标，a、b 为假定坐标系原点 O' 在城市（或国家）坐标系中的坐标，θ 为假定坐标系纵轴的坐标方位角。

当由假定坐标系坐标换算至城市（或国家）坐标系坐标时，其换算公式为

$$\left.\begin{array}{l} X = x\cos\theta - y\sin\theta + a \\ Y = x\sin\theta + y\cos\theta + b \end{array}\right\} \tag{7-6}$$

当由城市（或国家）坐标系坐标换算至假定坐标系时换算公式为

$$\left.\begin{array}{l} x = (X - a)\cos\theta + (Y - b)\sin\theta \\ y = -(X - a)\sin\theta + (Y - b)\cos\theta \end{array}\right\} \tag{7-7}$$

例 3 已知某点 P 在假定坐标系中的坐标为

$$x = 1073.382 \ （m）$$
$$y = 1199 \cdot 447 \ （m）$$

并且假定坐标系原点在城市坐标系中的坐标为

$$a = +91457.890 \ （m）$$
$$b = +70878.508 \ （m）$$

假定坐标系纵轴在城市坐标系中的方位角为

$$\theta = -1°30'55''$$

求其在城市坐标系中的坐标。

据（7-6）式代入相应数据可求得

$$X = 92562.608 \ （m）$$
$$Y = 72049.157 \ （m）$$

第四节 单一导线计算

图根单一导线的基本图形主要有支导线、闭合导线、附合导线和无定向导线等。现将这几种图根导线的计算方法介绍如下。

一、支导线的计算

以图 7-4（c）图形为例，其计算步骤如下：

（1）由 A、B 两点的坐标，反算出坐标方位角 α_{AB}。

（2）由 α_{AB} 起始，按 β_1、β_2……角推算 $A1$、12……各边的坐标方位角 α_{A1}、α_{12}、……

（3）由各边的坐标方位角及边长，按（7-1）式正算两相邻导线点的坐标增量 Δx_{A1}、Δy_{A1}、Δx_{12}、Δy_{12}……

4. 按（7-2）式依次推算 1、2……各导线点的坐标 x_1、y_1、x_2、y_2……

二、闭合导线的计算

由于闭合导线计算的工作量大，数据较多，所以一般在一定格式的表格中进行，如表7-2 所示。

图根闭合导线计算的具体步骤和方法如下：

1. 整理观测成果、摘录数据

在计算前应认真检查观测手簿中所有角度和边长的记录和计算是否无误，是否合乎各项限差要求。在确认观测成果合格后，方可用于进行摘录、填表与计算。

2. 角度闭合差的计算与配赋

由于角度观测值中不可避免地含有误差，所以观测所得的各顶角的总和 $\sum \beta_{测}$ 与其理论值 $\sum \beta_{理}$ 不一致。两者的差数，叫做角度闭合差，常以 f_β 表示。

闭合差按观测值（或计算值）减理论值计算，即

$$f_\beta = \sum_1^n \beta_{测} - \sum_1^n \beta_{理} = \sum_1^n \beta_{测} - 180° \cdot (n \pm 2) \tag{7-8}$$

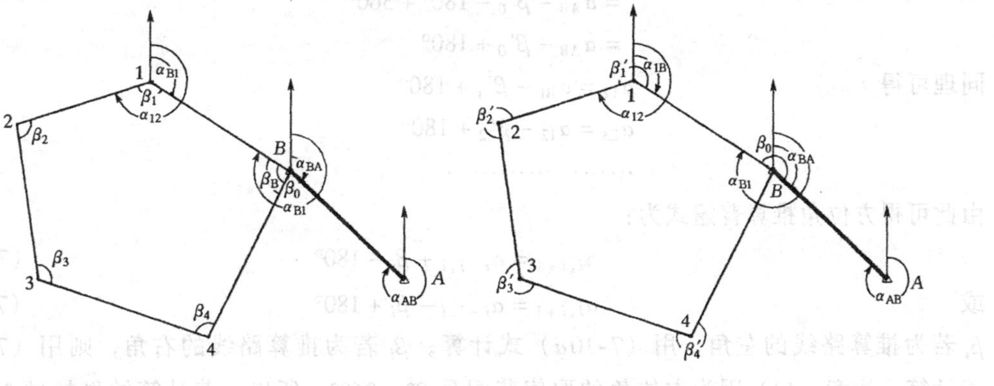

图 7-12　导线边坐标方位角的计算

图根导线角度闭合差的容许值 $f_{\beta_容}$ 一般为 $\pm 40'' \sqrt{n}$（n 为折角数）。当计算后得知 f_β 超限时，首先应检查计算过程，若计算无误，则应重新观测折角。若闭合差在容许范围内，则可将其反号平均分配给各折角（即加在观测值上）。其分配数叫做改正数，以 V_{β_i} 表示之，即

$$V_{\beta_1} = V_{\beta_2} = \cdots\cdots = V_{\beta_n} = -\frac{f_\beta}{n} \tag{7-9}$$

显然，$\sum_1^n V_{\beta_i} = -f_\beta$，即各角加上改正数后就可消去闭合差。

角度闭合差的计算可在表格的左下方进行。表 7-2 示例中 $f_\beta = +36''$，$n = 5$，所以 $V_{\beta_i} = -7.2'' \approx -7''$。由于凑整到秒，所以还要处理凑整误差影响。因为若每个折角都改正

$-7''$，则 ΣV_β 将为 $-35''$，比 f_β 少 $1''$。因此，要有一个折角要改正 $8''$。这一个折角一般可选短边两端的折角。

3. 坐标方位角计算

如图 7-12（a），A、B 为已知点，AB 为导线起始边，AB 边的坐标方位角为 α_{AB}，B 点上的连接角为 β_0。由图可得 $B1$ 边的坐标方位角 α_{B1} 为

$$\alpha_{B1} = \alpha_{AB} - 180° + \beta_0$$
$$= \alpha_{AB} + \beta_0 - 180°$$

同理可得其余各边的坐标方位角为

$$\left.\begin{aligned}
\alpha_{12} &= \alpha_{B1} + \beta_1 - 180° \\
\alpha_{23} &= \alpha_{12} + \beta_2 - 180° \\
&\cdots\cdots\cdots\cdots\cdots \\
\alpha_{4B} &= \alpha_{34} + \beta_4 - 180° \\
\alpha_{B1} &= \alpha_{4B} + \beta_B - 180°
\end{aligned}\right\} \tag{7-10}$$

又如图 7-12（b），若 B 点的连接角为 β'_0，$\beta_0 = 360° - \beta'_0$，则 α_{B1} 的计算公式可写为

$$\alpha_{B1} = \alpha_{AB} + (360° - \beta'_0) - 180°$$
$$= \alpha_{AB} - \beta'_0 - 180° + 360°$$
$$= \alpha_{AB} - \beta'_0 + 180°$$

同理可得

$$\alpha_{12} = \alpha_{B1} - \beta'_1 + 180°$$
$$\alpha_{23} = \alpha_{12} - \beta'_2 + 180°$$
$$\cdots\cdots\cdots\cdots\cdots$$

由此可得方位角推算普遍式为：

$$\alpha_{i,i+1} = \alpha_{i-1,i} + \beta_i - 180° \tag{7-10a}$$

或

$$\alpha_{i,i+1} = \alpha_{i-1,i} - \beta_i + 180° \tag{7-10b}$$

β_i 若为推算路线的左角，用（7-10a）式计算；β_i 若为推算路线的右角，则用（7-10b）式计算。注意：（1）因为方位角的取值范围是 $0° \sim 360°$，所以，若计算结果超过 $360°$ 时，应减去 $360°$；若计算结果为负值，则加上 $360°$。

（2）导线计算中，方位角是在角度闭合差分配后进行计算，故应该用改正后的 β_i 来推算方位角。

表 7-2 的算例中，已知边 AB 的方位角 $\alpha_{AB} = 313°21'02''$，连接角 $\beta_0 = 169°06'33''$（左角）

故有 $\quad\quad\quad\quad \alpha_{B1} = 313°21'02'' + 169°06'33'' - 180° = 302°27'35''$

同样 $\quad\quad\quad\quad \alpha_{12} = 302°27'35'' + (131°02'36'' - 7'') - 180° = 253°30'04''$

如此逐一推算出各边方位角，并将结果填入表中相应栏内，直到最后算得 α_{B1}，

$$\alpha_{B1} = \alpha_{4B} + \beta_B - 180°$$
$$= 27°12'12'' + (95°15'30'' - 7'') - 180°$$
$$= 302°27'35''$$

若与开始时的 α_{B1} 相等，则说明 f_B、v_β 的计算以及方位角的推算过程均无错误。这是测量中计算检核的方法。检核合格可进行下一项的计算。

4. 坐标增量的计算与配赋

从图 7-13 中可知，闭合多边形各边的纵、横坐标增量的总和，在理论上应分别等于零，即

$$
\left.
\begin{aligned}
\sum_1^n \Delta x_{理} &= 0 \\
\sum_1^n \Delta y_{理} &= 0
\end{aligned}
\right\}
\qquad (7\text{-}11)
$$

由于边长观测值含有误差，坐标方位角虽然是由改正后的折角推算的，但折角的改正只能是一种较合理的处理，而不可能将误差完全消除，所以方位角中仍然还有误差。用含有误差的边长和方位角所计算出的纵、横坐标增量，必然亦含有误差，从而使其总和不等于理论值。这样，其差数就叫做纵、横坐标增量闭合差，分别以 f_x、f_y 表示，即

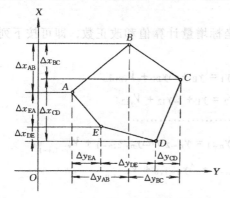

图 7-13　闭合多边形坐标增量理论值

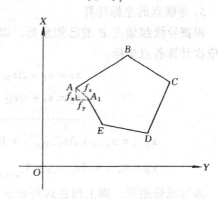

图 7-14　坐标增量闭合差

$$
\left.
\begin{aligned}
f_x &= \sum_1^n \Delta x_{计} - \sum_1^n \Delta x_{理} = \sum_1^n \Delta x_{计} \\
f_y &= \sum_1^n \Delta y_{计} - \sum_1^n \Delta y_{理} = \sum_1^n \Delta y_{计}
\end{aligned}
\right\}
\qquad (7\text{-}12)
$$

纵、横坐标增量闭合差的存在，说明导线由 A 点开始，经各导线点的逐点推算再返回到 A 点时，它与原有点位不重合而在 A_1 点，如图 7-14 所示。线段 AA_1 叫做全长闭合差，以 f_s 表示。由图可知 f_s 与 f_x、f_y 的关系为：

$$
f_s = \sqrt{f_x^2 + f_y^2}
\qquad (7\text{-}13)
$$

由于 f_s 的大小与导线长度成正比。因此，与用相对误差表示长度的丈量精度一样，导线测量的精度也用 f_s 与导线全长的比，并化成分子为 1 的分数来表示，叫做导线的相对闭合差。即

$$
导线相对闭合差 = \frac{f_s}{\Sigma S} = \frac{1}{Q} \qquad \left(Q = \frac{\Sigma S}{f_s} \right)
\qquad (7\text{-}14)
$$

f_x、f_y、f_s 及 $1/Q$ 的计算均可在表格的下方进行（见表 7-2）。

图根导线相对闭合差的限值一般为 1/2000，若不超限，则将 f_x、f_y 分别以反号并按与边长成正比的原则分配。设 ik 边的纵、横坐标增量改正数为 $V_{x_{ik}}$、$V_{y_{ik}}$，则有

$$V_{x_{ik}} = -\frac{f_x}{\Sigma S} \cdot S_{ik} \left.\right\}$$
$$V_{y_{ik}} = -\frac{f_y}{\Sigma S} \cdot S_{ik}$$

(7-15)

亦即

$$\Sigma V_x = -f_x \left.\right\}$$
$$\Sigma V_y = -f_y$$

(7-16)

由于凑整误差的影响，使式（7-16）不能满足时，一般可将其差数分配给较长边，以保证满足式（7-16）。

表 7-2 的实例中，$f_x = \Sigma\Delta x = +0.100\text{m}$，$f_y = \Sigma\Delta y = +0.054\text{m}$，$f_s = 0.114\text{m}$，相对闭合差为 1/10580。

5. 导线点的坐标计算

根据导线起始点 B 的已知坐标，以及各边坐标增量计算值和改正数，即可按下列各式依次计算各点坐标。

$$x_1 = x_B + \Delta x_{B1} + V_{xB1}, \quad y_1 = y_B + \Delta y_{B1} + V_{yB1};$$
$$x_2 = x_1 + \Delta x_{12} + V_{x12}, \quad y_2 = y_1 + \Delta y_{12} + V_{y12};$$
$$\cdots\cdots\cdots\cdots\cdots\cdots\cdots \quad \cdots\cdots\cdots\cdots\cdots\cdots$$
$$x_{n-1} = x_{n-2} + \Delta x_{n-2,n-1} + V_{x_{n-2,n-1}}, \quad y_{n-1} = y_{n-2} + \Delta y_{n-2,n-1} + V_{y_{n-2,n-1}};$$
$$x_B = x_{n-1} + \Delta x_{n-1,B} + V_{x_{n-1,B}}, \quad y_B = y_{n-1} + \Delta y_{n-1,B} + V_{y_{n-1,B}}$$

若写成普遍式，则上列各式可表示为

$$x_{i+1} = x_i + \Delta x_{i,i+1} + V_{x,i+1} \left.\right\}$$
$$y_{i+1} = y_i + \Delta y_{i,i+1} + V_{y,i+1}$$

(7-17)

坐标计算最后回到 B 点时，B 点坐标的推算值应等于已知值，否则，说明在 f_x、f_y、V_x、V_y、x、y 的计算过程中有差错。

必须指出，如果量边中存在系统性的、与边长成比例的误差时，即使误差值很大，闭合导线仍能以相似形闭合。也就是说，这种误差不能反映在闭合导线的 f_x、f_y 上。因此，布设闭合导线时，应考虑在导线中间点上，以其他方式作必要的点位检核。

三、附合导线计算

附合导线的计算步骤和方法，与闭合导线基本相同。只是由于图形不同，而使角度闭合差及坐标增量闭合差的计算与闭合导线有差别。附合导线的计算步骤如下：

1. 整理观测成果

2. 角度闭合差的计算与配赋

在图 7-15 中，M、A、B、N 为已知点，β_1、$\beta_2 \cdots\cdots \beta_5$ 为左折角，β_0、β'_0 为连接角。α_0、α_n 为起始边 MA、终边 BN 的已知方位角。

由式（7-10）可得

$$\alpha_{A1} = \alpha_0 + \beta_0 - 180°$$
$$\alpha_{12} = \alpha_{A1} + \beta_1 - 180°$$
$$\alpha_{23} = \alpha_{12} + \beta_2 - 180°$$

表 7-2

闭 合 导 线 计 算

计算者:李 中　　　　　　　　　　　　　　　　　　　　　　　　　　　　　　　检算者:刘 成

点名(号) (1)	观测角 β (° ′ ″) (2)	改正数 Vβ (″) (3)	坐标方位角 α (° ′ ″) (4)	边长 S (m) (5)	ΔX 计算值 (m) (6)	VΔx (mm) (7)	ΔY 计算值 (m) (8)	VΔy (mm) (9)	X (m) (10)	Y (m) (11)	备 考 (12)
B	(169 06 33)		313 21 02						3485609.654	20621170.780	
1	131 02 36	− 7	302 27 35	243.330	+ 130.597	− 20	− 205.314	− 11	740.231	0965.455	
2	98 46 27	− 8	253 30 04	206.069	− 58.523	− 17	− 197.584	− 9	681.691	0767.862	
3	116 27 21	− 7	172 16 23	225.961	− 223.909	− 19	+ 30.381	− 10	457.763	0798.233	
4	98 32 42	− 7	108 39 37	264.842	− 84.738	− 22	+ 250.920	− 12	373.004	1049.141	
B	95 15 30	− 7	27 12 12	266.107	+ 236.673	− 22	+ 121.651	− 12	3485609.654	20621170.780	
1			302 27 35								

$\Sigma\beta = 540°00'36''$　　　　$\Sigma S = 1206.309\text{m}$　　　$\Sigma\Delta X = +0.100\text{m}$　　　$\Sigma\Delta Y = +0.054\text{m}$

$180° \times (5-2) = 540°$　　　$f_X = +0.100\text{m}$　　　$f_Y = +0.054\text{m}$

$f_\beta = +36''$　　$f_{\beta容} = \pm 40''\sqrt{5} = \pm 89''$　　　$f_s = 0.114\text{m}$

$f_s/\Sigma S = 0.114/1206.309 = 1/10580$

$\alpha_{AB} = 313°21'02''$
$\beta_0 = 169°06'33''$

121

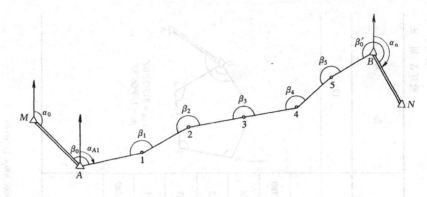

图 7-15 附合导线的角度闭合差

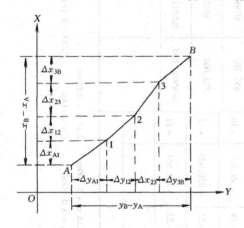

图 7-16 附合导线坐标增量闭合差

$$\cdots\cdots\cdots\cdots\cdots$$

$$\alpha_n = \alpha_{5B} + \beta'_0 - 180°$$

将以上各式相加，即得

$$\alpha_n = \alpha_0 + \Sigma\beta - n \cdot 180°$$

则 $\qquad \Sigma\beta_{理} = \alpha_n - \alpha_0 + n \cdot 180°$

式中 n 为包括导线两端点在内的导线点数。

由此可得附合导线角度闭合差的计算式为

$$f_\beta = \Sigma\beta_{测} - \Sigma\beta_{理} = \Sigma\beta_{测} - (\alpha_n - \alpha_0 + n \cdot 180°) \tag{7-18}$$

若 f_β 不超过容许范围，则将 f_β 反号分配给参与闭合差计算的各个观测角，即各角改正数为

$$V_{\beta_1} = V_{\beta_2} = \cdots\cdots = V_{\beta_0} = V_{\beta'_0} = -\frac{f_\beta}{n}$$

3. 计算各边坐标方位角

与闭合导线相同。

4. 坐标增量的计算（见图 7-16）

此项计算与闭合导线不同之处仅在于附合导线各边坐标增量的总和理论值不是等于零，而是等于导线终点与起点的坐标差，即

$$\left.\begin{array}{l}\Sigma\Delta x_{理} = x_B - x_A \\ \Sigma\Delta y_{理} = y_B - y_A\end{array}\right\} \tag{7-19}$$

故有

$$\left.\begin{array}{l}f_x = \Sigma\Delta x_{计} - (x_B - x_A) \\ f_y = \Sigma\Delta y_{计} - (y_B - y_A)\end{array}\right\} \tag{7-20}$$

除此以外，其他计算均与闭合导线相同。

5. 导线点坐标计算

表 7-3 为附合导线计算示例。具体计算参见该表。

四、无定向导线的计算

图 7-17 所示的导线两端未测连接角，该种导线称为无定向导线。

由于这种导线的两端均未测连接角，故无法直接从已知的坐标方位角 α_{AM} 或 α_{BN} 推算

计算者:李□

检算者:刘 成　　表 7-3

附 合 导 线 计 算

点名(号)	观测角 β (° ′ ″)	V_β (″)	坐标方位角 α (° ′ ″)	边长 S (m)	Δx (m)	$V_{\Delta x}$ (cm)	Δy (m)	$V_{\Delta y}$ (cm)	x (m)	y (m)	备考
1	2	3	4	5	6	7	8	9			
M			132 36 47								
A	126 46 56	−7	79 23 36	210.83	+38.81	−4	+207.23	−3	3554270.34	40427356.96	
1	178 23 30	−7	77 46 59	153.59	+32.50	−3	+150.11	−2	3554309.11	40427564.16	
2	196 14 42	−8	94 01 33	118.74	−8.34	−3	+118.45	−1	3554341.58	40427714.25	
3	167 25 45	−8	81 25 10	131.89	+19.68	−3	+130.41	−1	3554333.21	40427832.69	
4	142 22 18	−8	43 47 20	134.41	+97.03	−3	+93.01	−1	3554352.86	40427963.09	
5	184 19 32	−8	48 06 44	136.63	+91.22	−3	+101.71	−2	3554449.86	40428056.08	
B	291 59 48	−8	160 06 24						3554541.05	40428157.77	
N											

$\Sigma\beta = 1287°30'31''$

$7 \times 180° = 1260°00'00''$

$\alpha_n - \alpha_0 = 27°29'37''$

$f_\beta = +54''$

$f_{\beta\text{容}} = \pm40''\sqrt{7} = \pm01'46''$

$\Sigma S = 886.09\text{m}$

$\Sigma\Delta x = +270.90,\ \Sigma\Delta y = +800.92$

$x_b - x_a = +270.71,\ y_b - y_a = +800.81$

$f_x = +0.19\text{m},\ f_y = +0.11\text{m}$

$f_s = \sqrt{f_x^2 + f_y^2} = 0.22\text{m}$

$m = \dfrac{f_s}{\Sigma S} = \dfrac{0.22}{886.09} = \dfrac{1}{4028}$

123

出各导线边的坐标方位角。为此，可采用如下途径：

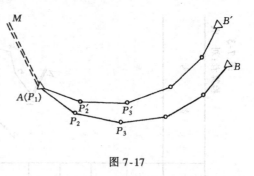

图 7-17

首先对导线边 AP_2 假定一个坐标方位角 α'_{AP_2}，依此推算出各导线边的假定坐标方位角 α'_{ij}。然后按导线的计算顺序从 A 点推求各点的坐标 x'_i、y'_i。由几何原理知，实际的导线与按假定坐标方位角推算的导线呈形状及大小均相同的关系（在不顾及观测误差的前提下），仅仅是它们所处的方位有所不同，如图 7-17 所示。因此，以下的任务便是将这条推算的导线旋转至实际位置。其旋转角 δ 为

$$\delta = \alpha_{AP_2} - \alpha'_{AP_2}$$

若连接 A、B 和 A、B'，由几何关系可知 $\angle BAB' = \delta$，所以

$$\delta = \alpha_{AB} - \alpha_{AB'}$$

α_{AB} 和 $\alpha_{AB'}$ 可由 A、B 和 A、B' 的坐标反算求得。

δ 算出以后，将各假定坐标方位角加以改正，得实际坐标方位角 α_{ij} 为

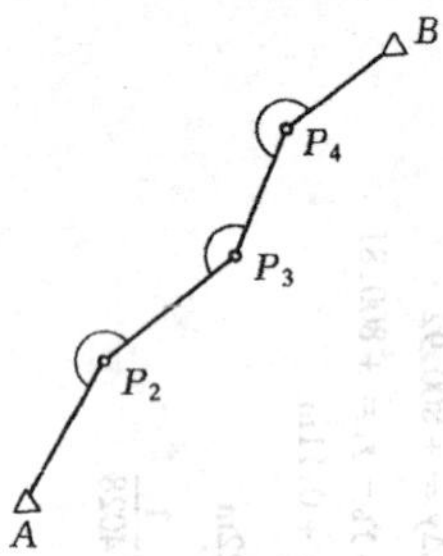

$$\alpha_{ij} = \alpha'_{ij} + \delta$$

图 7-18

最后，重复一次导线计算，便可求得各导线点的坐标。

因各观测值中实际存在着误差，所以由上述求得的 B 点坐标仍将与其已知坐标值不同，而产生坐标闭合差 f_x、f_y。此时仍可按与导线边长成比例的方法求出坐标增量的改正数，改正各边的坐标增量，从而消除此项矛盾。

另外，也可按（7-6）式来求算各点的实际坐标，即应用坐标旋转公式将 P'_2、P'_3 …… 改化为 P_2、P_3 …… 此时 A 点为旋转中心，a、b 为零。

表 7-4 为图 7-18 导线的计算过程。因由假定坐标方位角 α' 计算的导线位置与实际位置间相差一个 δ 角，故表中的 Δx、Δy 可按下列旋转公式求得

$$\Delta x_{ij} = \Delta x'_{ij}\cos\delta - \Delta y'_{ij}\sin\delta$$

$$\Delta y_{ij} = \Delta y'_{ij}\cos\delta + \Delta x'_{ij}\sin\delta$$

具体计算步骤如下：

（1）由观测手簿抄录水平角 β 和边长 S；

（2）假设 AP_2 的坐标方位角为 $20°00'00''$，然后依次推算各边的假定坐标方位角；

（3）由 α'_{ij} 和 S_{ij} 计算 $\Delta x'_{ij}$、$\Delta y'_{ij}$；

（4）计算 x'_B、y'_B

$$x'_B = x_A + \Sigma\Delta x'$$

$$y'_B = y_A + \Sigma\Delta y'$$

（5）反算 α_{AB}、$\alpha_{AB'}$，计算 δ

$$\delta = \alpha_{AB} - \alpha_{AB'}$$

（6）计算 Δx_{ij}、Δy_{ij} 和 f_x、f_y；

（7）计算全长闭合差 f_s 及全长相对闭合差并检查其是否小于规定的 1/2000；

（8）计算 $v_{\Delta x}$、$v_{\Delta y}$ 及推算各点的坐标 x、y。

无定向导线计算　　　　　　　　　　　　　　　　　　　　　表 7-4

计算者　李　中　　　　　　　　　　　　　　　　　　　　　　　　　　检算者：刘　成

点号	观测角	假方位角	边长（m）	$\Delta X'$（m）	$\Delta Y'$（m）	ΔX（m）	ΔY（m）	X（m）	Y（m）
A	° ′ ″	° ′ ″				− 5	− 2	5075.215	5111.594
P1	211 35 05	20 00 00	51.794	48.670	17.715	+ 51.133	+ 8.247	5126.343	5119.839
P2	144 35 41	51 35 05	66.781	41.495	52.325	− 7 + 50.594	− 3 + 43.589	5176.930	5163.425
P3	208 53 07	16 10 46	123.898	118.991	34.524	− 12 + 123.360	− 6 + 11.533	5300.278	5174.952
B		45 03 53	146.298	103.331	103.565	− 15 + 120.962	− 7 + 82.287	5421.225	5257.232
Σ			388.771	312.487	208.129	346.049	145.656		

$\alpha_{AB} = 22°49'36''$　　　　　　　　$f_x = +39\text{mm}$　　　$f_y = +18\text{mm}$

$\alpha'_{AB} = 33°39'55''$　　　　　　　$f_S = 43\text{mm}$

$\delta = -10°50'19''$　　　　　　　　$f_S/\Sigma S = 1/9051$

第五节　单结点导线网近似平差

如图 7-19 所示的单结点导线网，在对坐标精度要求不甚严密时（如图根点），可采用近似平差方法计算处理。

导线网的近似平差有带权平均值法、等权代替法、逐次趋近法和多边形平差法等，这里仅介绍带权平均值法。

一、带权平均值法

图 7-19 中是由三条单一路线构成一个结点的导线网，称为单结点导线网，B、D、E 为已知点，12 为结点。如果任意选定一条与结点相连接的导线边（称为结边），首先求出该边方位角的平差值，然后再求出结点坐标的平差值，那么具有单结点的这种导线网，就可按三条单一导线来分别平差了。

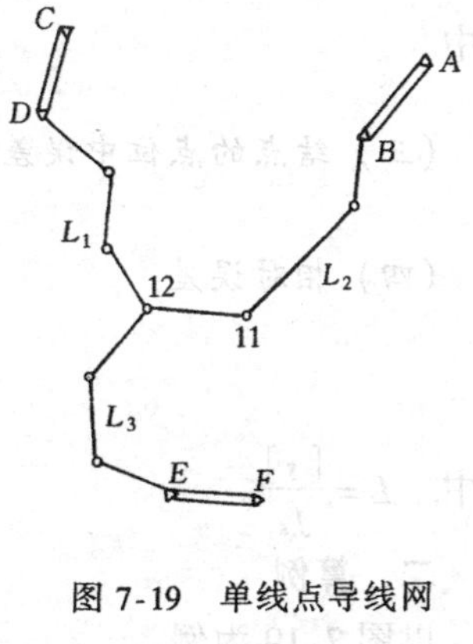

单结点导线网结边方位角的平差值，取各条路线推得的结边方位角 α_1，α_2，α_3 的带权平均值，即

$$\alpha_{结边} = \frac{P_{\alpha_1} \cdot \alpha_1 + P_{\alpha_2} \cdot \alpha_2 + P_{\alpha_3} \cdot \alpha_3}{P_{\alpha_1} + P_{\alpha_2} + P_{\alpha_3}}$$

$$P_{\alpha_i} = \frac{c}{n_i} \qquad (7-21)$$

图 7-19　单线点导线网

c 为任意正常数，n_i 为各单一路线上用以推算结边方位角的折角个数。

求得结边方位角的平差值后，用各推算值减去平差值，便可得各路线的方位角闭合差，将闭合差反号平均配赋在该路线的折角上，求得各导线边方位角的平差值。

由各导线边的坐标方位角的平差值和测定的导线边长，计算坐标增量，并求出结点坐

标的推算值，然后按下式计算结点坐标的权中数

$$
\left.\begin{array}{l}
x_{\text{结点}} = \dfrac{P_{\text{I}}x_{\text{I}} + P_{\text{II}}x_{\text{II}} + P_{\text{III}}x_{\text{III}}}{P_{\text{I}} + P_{\text{II}} + P_{\text{III}}} \\[3mm]
y_{\text{结点}} = \dfrac{P_{\text{I}}y_{\text{I}} + P_{\text{II}}y_{\text{II}} + P_{\text{III}}y_{\text{III}}}{P_{\text{I}} + P_{\text{II}} + P_{\text{III}}}
\end{array}\right\}
\tag{7-22}
$$

式中 x_{I}、x_{II}、x_{III} 和 y_{I}、y_{II}、y_{III} 为各路线对结点坐标的推算值，各路线的权 P 按下式计算

$$
P_{(x,y)i} = \frac{c'}{S_i}
\tag{7-23}
$$

c' 为任意正常数，S_i 为各条导线边长的总和。

求得结点坐标平差值后，将推算值减平差值，求得各单一路线的坐标闭合差，再将闭合差反号，按与边长成比例配赋在各导线边的坐标增量上，最后计算各导线点的坐标。

精度评定按下列各式计算：

（一）单位权中误差

$$
\left.\begin{array}{l}
\mu_\alpha = \pm\sqrt{\dfrac{[Pv_\alpha v_\alpha]}{(n-1)}} \\[3mm]
\mu_x = \pm\sqrt{\dfrac{[Pv_x v_x]}{(n-1)}} \\[3mm]
\mu_y = \pm\sqrt{\dfrac{[Pv_y v_y]}{(n-1)}}
\end{array}\right\}
\tag{7-24}
$$

式中 v_α、v_x、v_y 分别由结边方位角和结点纵、横坐标的平差值减去各路线的推算值求得，n 为单一导线的条数。应当注意 μ_α 和 μ_x、μ_y 是分别以 c 与 c' 为单位权的中误差。

（二）结点坐标中误差

$$
\left.\begin{array}{l}
m_x = \pm\mu_x\sqrt{\dfrac{1}{P_x}} \\[3mm]
m_y = \pm\mu_y\sqrt{\dfrac{1}{P_y}}
\end{array}\right\}
\tag{7-25}
$$

式中

$$
P_x = P_y = [P]
$$

（三）结点的点位中误差

$$
f_s = M_p = \sqrt{m_x^2 + m_y^2}
\tag{7-26}
$$

（四）相对误差

$$
\frac{f_s}{[s]} = \frac{1}{L}
\tag{7-27}
$$

式中 $L = \dfrac{[s]}{f_s}$。

二、算例

以图 7-19 为例。

结边方位角、结点坐标推算值、折角数、路线长度分别列于表 7-5、表 7-6、表 7-7 中，计算过程如下：

1. 据各路线折角数定权 P_{α_1}、P_{α_2}、P_{α_3}。

2. 推算结边方位角的加权平均值：$82°08'27''$。

3. 据各路线长度定权 P_I、P_{II}、P_{III}。

4. 求算结点的纵、横坐标的加权平均值。

结边方位角计算 表7-5

导线编号	起始边	结　边	结边方位角 (°′″)	折角数	权 $P = 10/n$	结边方位角 平差值 (°′″)
L1	A – B		82 08 24	12	0.833	
L2	C – D	12 – 11	82 07 44	11	0.909	82 08 27
L3	E – F		82 08 47	5	2.000	

结点纵坐标（x） 表7-6

导线编号	起始边	结　点	结点纵坐标 x (m)	路线长度 (km)	权 $P_i = 1/[s]$	结点纵坐标 平差值（m）
L1	A – B		20683.773	1.19	0.840	
L2	C – D	12	20683.753	1.30	0.769	20683.764
L3	E – F		20683.764	0.64	1.562	

结点横坐标（y） 表7-7

导线编号	起始边	结　点	结点横坐标 x (m)	路线长度 (km)	权 $P_i = 1/[s]$	结点横坐标 平差值（m）
L1	A – B		25381.199	1.19	0.840	
L2	C – D	12	25381.112	1.30	0.769	25381.153
L3	E – F		25381.149	0.64	1.562	

第六节　单三角形计算

单三角形是各种加密图形中最简单的图形,如图7-20所示。图中 A、B 为已知点,P 为加密点。A、B、P 构成一个三角形。在各顶点上测定的三角形内角分别为 α、β、γ。

由于 A、B 两点坐标为已知,经反算即可得 AB 的边长 S_{AB} 和方位角 α_{AB},再按正弦定理可求得 AP、BP 的长度 S_{AP}、S_{BP},而通过 α、β 角可推算 AP、BP 的方位角 α_{AP}、α_{BP}。最后再依坐标正算公式即可求得 P 点坐标

由此可知,这样解算需要计算距离、方位角、坐标增量等较多的中间结果。为了免除这些中间计算,可采用余切公式直接计算 P 点坐标。

下面具体阐述采用余切公式计算单三角形点坐标的步骤和方法。

一、角度平差

如图7-20,设三内角的观测值为 α'、β'、γ',则三角形闭合差 W 为

$$W = \alpha' + \beta' + \gamma' - 180° \qquad (7\text{-}28)$$

图根测量中,三角形闭合差的限差一般为60″。若 W 不超限,则可反符号平均配赋给三个角。设改正数为 V_α、V_β、V_γ,即

$$V_\alpha = V_\beta = V_\gamma = -\frac{W}{3} \qquad (7\text{-}29)$$

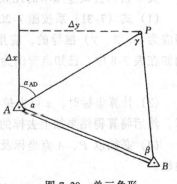

图 7-20　单三角形

显然，三改正数之和应为 $-W$。由于计算取位到秒，因此凑整误差影响可能使改正数之和与 $-W$ 相差 $1''$。为此一般在大角上加（或减）$1''$，以满足消去闭合差的要求。例如，表 7-8 算例中，γ 角最大，其改正数增多 $1''$。

改正后的角值叫做平差值（或平差角），设为 α、β、γ，其值分别为

$$\left.\begin{array}{l} \alpha = \alpha' + V_\alpha \\ \beta = \beta' + V_\beta \\ \gamma = \gamma' + V_\gamma \end{array}\right\} \quad (7\text{-}30)$$

二、坐标计算公式

按图 7-20 中的已知点与待定点的位置排列关系，可按下式计算待定点的坐标

$$\left.\begin{array}{l} x_P = \dfrac{x_A \cdot \text{ctg}\beta + x_B \cdot \text{ctg}\alpha - y_A + y_B}{\text{ctg}\alpha + \text{ctg}\beta} \\[3mm] y_P = \dfrac{y_A \cdot \text{ctg}\beta + y_B \cdot \text{ctg}\alpha + x_A - x_B}{\text{ctg}\alpha + \text{ctg}\beta} \end{array}\right\} \quad (7\text{-}31)$$

式 (7-31) 叫做计算单三角形点坐标的余切公式。显然，凡能组成三角形的三个点，若已知其中两个点的坐标及两个内角，依照余切公式就可直接算出第三个点的坐标。余切公式不只适用于求单三角形点的坐标，而且适用于前、侧方交会以及其他图形中类似的解算。

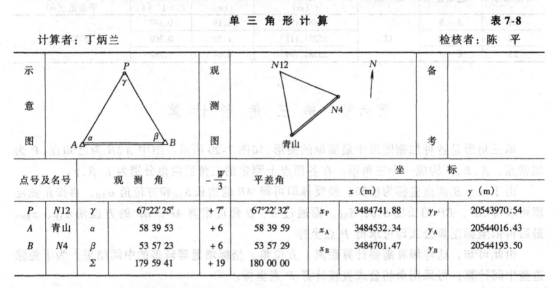

示 意 图				观 测 图				备 考	

单 三 角 形 计 算　　　　　　　　　　　表 7-8

计算者：丁炳兰　　　　　　　　　　　　　　　　　　　　　　检核者：陈　平

点号及名号			观 测 角	$-\dfrac{W}{3}$	平差角	坐 标			
							x (m)		y (m)
P	$N12$	γ	67°22′25″	+7″	67°22′32″	x_P	3484741.88	y_P	20543970.54
A	青山	α	58 39 53	+6	58 39 59	x_A	3484532.34	y_A	20544016.43
B	$N4$	β	53 57 23	+6	53 57 29	x_B	3484701.47	y_B	20544193.50
		Σ	179 59 41	+19	180 00 00				

关于余切公式应用中的几点说明：

（1）式（7-31）系按图 7-20 所示的点位关系（即 A、B、P 三点作逆时针排列，角号相应为 α、β、γ）推导的，应用该式时必须注意点号、角号的排列顺序与图 7-20 一致。例如在表 7-8 中，已知点青山为 A，$N4$ 为 B，所求点 $N12$ 为 P，其顶角依次编为 α、β、γ。

（2）计算坐标时，x 可去掉前面的 3484，y 可去掉前面的 2054，单用后面几位数计算，然后将算得结果加上去掉的大数即可。

（3）必须以 P、A 点坐标及 γ、α 角计算 B 点坐标，且与 B 点原坐标比较，以作计算检核。

第七节 前方交会点计算

图 7-21 为前方交会法的几种图形。图中 A、B、C、D 为已知点，P 为前交点，α_1、α_2、β_1、β_2 为已知点上的观测角。

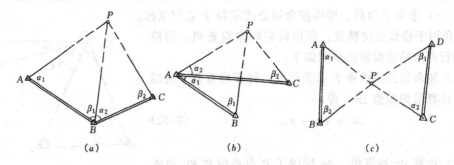

图 7-21 前方交会

显然，P 点的坐标只需要一个三角形的两个角（α，β）和两个已知点的坐标，就能用余切公式直接解算。但是为了避免错误和检核观测成果精度，实际工作中要求组成两个三角形并分别计算交会点坐标。若所得两组坐标的较差不大于（$M/5000$）m（M 为测图比例尺分母），则可取其中数作为最后计算结果。具体计算过程参见表 7-9。算例中，编号为 163、165、145 的三点为已知点，243 为前交点。依余切公式分别按三角形 ABP 及 BCP 计算 P 点坐标。

<table>
<tr><td colspan="5" align="center">前方交会点计算</td><td align="right">表 7-9</td></tr>
</table>

计算者：丁炳兴　　　　　　　　　　　　　　　　　　　　　　　　检查者：陈　平

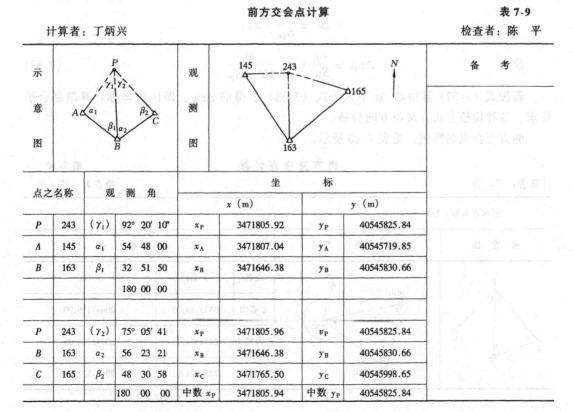

点之名称		观 测 角		坐标			
					x (m)		y (m)
P	243	(γ_1)	92° 20′ 10″	x_P	3471805.92	y_P	40545825.84
A	145	α_1	54 48 00	x_A	3471807.04	y_A	40545719.85
B	163	β_1	32 51 50	x_B	3471646.38	y_B	40545830.66
			180 00 00				
P	243	(γ_2)	75° 05′ 41	x_P	3471805.96	v_P	40545825.84
B	163	α_2	56 23 21	x_B	3471646.38	y_B	40545830.66
C	165	β_2	48 30 58	x_C	3471765.50	y_C	40545998.65
			180 00 00	中数 x_P	3471805.94	中数 y_P	40545825.84

第八节 侧方交会点计算

侧方交会的图形如图 7-22 所示，A、B、C 为已知点，P 为侧交点。在 A 点上测得 α；P 点上测得 γ、ε。在三角形 ABP 中，已知 A、B 两点坐标及 α、γ 角，则由 $\beta = 180° - (\alpha + \gamma)$ 求得 β 角后，即可按余切公式求得 P 点的坐标。

ε 角用于检核点位精度，所以将它叫做检查角。用检查角进行点位精度检核的步骤如下：

（1）按余切公式求得 P 点坐标后，计算检查角 ε 的观测值和计算值的差值 $\Delta\varepsilon$，即：

$$\Delta\varepsilon = \varepsilon_{\text{计}} - \varepsilon_{\text{观}} \qquad (7\text{-}32)$$

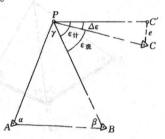

图 7-22　侧方交会

（2）计算 $\Delta\varepsilon$ 容许值，$\Delta\varepsilon$ 反映了 P 点点位在 PC 边的垂直方向上的位移情况。其位移量相当于 C 点偏移至 C' 点（见图 7-22）。该偏移距离 e，叫做横向位移。一般规定：e 值不能超过图上 0.1mm，即 $e_{\text{容}} = M/10^4 \text{m}$（$M$ 为测图比例尺分母）。实际工作中，为方便计，可将 $e_{\text{容}}$ 转化为 $\Delta\varepsilon_{\text{容}}$，然后直接用 $\Delta\varepsilon$ 来检查成果的精度。由于 $\Delta\varepsilon$ 通常很小，所以，可将 e 看做弧长，即

$$e = \frac{\Delta\varepsilon \cdot S_{\text{PC}}}{\rho}$$

也即

$$\Delta\varepsilon = \frac{e}{S_{\text{PC}}} \cdot \rho,$$

故有

$$\Delta\varepsilon_{\text{容}} = \frac{e_{\text{容}}}{S_{\text{PC}}} \cdot \rho = \frac{M}{10^4 \cdot S_{\text{PC}}} \cdot \rho \qquad (7\text{-}33)$$

若按式（7-32）算得的 $\Delta\varepsilon$ 不大于式（7-33）所得的 $\Delta\varepsilon_{\text{容}}$，即认为坐标计算结果合乎要求。这种检核方式，又叫方向检核。

侧方交会点的算例，见表 7-10 所示。

侧方交会点计算　　　　　　　　　　　　　　表 7-10

计算者：丁　兴　　　　　　　　　　　　　　　　　　　　　　　　检查者：陈　平

所求点名称：279

示　意　图	观　测　图	起　算　数　据		
		点名	x (m)	y (m)
		A 塔山	3435189.35	20441116.90
		B 大峰山	3434671.79	20441236.06
		C 张村	3435522.01	20441527.29

坐 标 计 算					
点 名		观 测 角		计 算 结 果	
A 塔山	α	(61° 54′ 29″)			
B 大峰山	β	55 44 54	x_P 3435060.02m		y_P 20441595.35m
P 279	γ	62 20 37			
检 核	计 算		备 考		
α_{PB}	222° 46′ 58″				
α_{PC}	351 37 10				
$\varepsilon_{计}$	231 09 48				
$\varepsilon_{观}$	231 10 14		测图比例尺：1:2000		
$\Delta\varepsilon$	− 26″				
S_{PC}	466.98m				
$\Delta\varepsilon_{容}$	± 1′28″				

第九节　辐射点和距离交会点计算

一、辐射点的计算

辐射点的坐标计算，其实质就是一个坐标正算问题。现结合算例说明其算法。

如表 7-11 中略图所示，在已知点灯盏山上设测站，以另一已知点鸡笼山为零方向，测定了加密图根点 306～311 各点的方向值和距离。计算时，先绘制计算略图，再将已知数据、各观测点的归零方向值和距离，抄录在表格相应栏中。然后反算零方向 AB 的方位角 α_{AB}，并将结果填入照准点鸡笼山的方位角栏内。其余各方向的方位角则按下式计算

$$\alpha_i = \alpha_{AB} + L_i \tag{7-34}$$

式中 L_i 为归零方向值。

依各方向的方位角和距离算出相应的坐标增量后，加上已知点 A（灯盏山）的坐标，即得各辐射点的坐标。

$$\left. \begin{array}{l} x_i = x_A + \Delta x_i \\ y_i = y_A + \Delta yi \end{array} \right\} \tag{7-35}$$

需要指出：各辐射点都是直接与已知点相连系的，所以方位角和坐标计算都是从已知数据起算，并不像导线计算那样逐一传递。

二、距离交会点的计算

如图 7-23，A、B 为已知点，P 为距离交会点。测定了距离 S_1、S_2 即可解算 P 点的坐标。

按 A、B 点坐标值并通过反算，即可得 AB 边的方位角 α_{AB} 和边长 a。

在 $\triangle ABP$ 中，已知 a、S_1、S_2，就可求得各个内角。若已知一个三角形中两个点的坐标、三条边长和三个内角，那么，解算第三个点坐标的方法就比较多了。下面介绍较简便的一种解法。

由图 7-23 可知：$\alpha_{AP} = \alpha_{AB} - \alpha$，$\alpha$ 为三角形在 A 点的内角，故有

计算略图		已知数据	点　名	坐　　标	
				x（m）	y（m）
			灯盏山	3555011.319	40407384.461
			鸡笼山	3555203.092	40408484.042

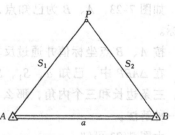

观测数据	照准点名	鸡笼山	306	307	308	309	310	311
	水平距离（m）		113.040	98.949	154.508	470.136	550.795	684.408
	水平方向值	00°00′01″	25°42′32″	151°56′06″	190°29′00″	253°39′14″	304°44′31″	327°38′28″

辐　射　点　坐　标　计　算

照准点	归零方向值	测站点至照准点的方位角	水平距离（m）	坐标增量		坐　标	
				Δx（m）	Δy（m）	x（m）	y（m）
鸡笼山	00° 00′ 00″	80° 06′ 25″	灯盏山：			3555011.319	40407384.461
306	25 42 31	105 48 56	113.040	− 30.808	+ 108.761	3554980.511	40407493.222
307	151 56 05	232 02 30	98.949	− 60.862	− 78.017	3554950.457	40407306.444
308	190 28 59	270 35 24	154.508	+ 1.591	− 154.500	3555012.910	40407229.961
309	253 39 13	333 45 38	470.136	+ 421.690	− 207.858	3555433.009	40407176.603
310	304 44 30	24 50 55	550.795	+ 499.803	+ 231.456	3555511.122	40407615.917
311	327 38 27	47 44 52	684.408	+ 460.193	+ 506.593	3555471.512	40407891.054

$$\Delta x_{AP} = S_1 \cdot \cos\alpha_{AP} = S_1 \cdot \cos(\alpha_{AB} - \alpha)$$

$$= S_1(\cos\alpha_{AB} \cdot \cos\alpha + \sin\alpha_{AB} \cdot \sin\alpha)$$

$$= S_1\left(\frac{\Delta x_{AB}}{a} \cdot \cos\alpha + \frac{\Delta y_{AB}}{a} \cdot \sin\alpha\right) \qquad (7\text{-}36)$$

在 ΔABP 中，按余弦定理可得

$$\cos\alpha = \frac{a^2 + S_1^2 - S_2^2}{2aS_1}$$

令：

$$Q = \frac{a^2 + S_1^2 - S_2^2}{2a} \qquad (7\text{-}37)$$

则式（7-37）可写成：$\cos\alpha = \dfrac{Q}{S_1}$，故而有

$$\sin\alpha = \sqrt{1 - \cos^2\alpha} = \sqrt{\frac{S_1^2 - Q^2}{S_1^2}} = \frac{R}{S_1} \qquad (7\text{-}38)$$

式中　$R = \sqrt{S_1^2 - Q^2}$。

将 $\cos\alpha = Q/S_1$、$\sin\alpha = R/S_1$ 代入式（7-38），则得

图 7-23　距离交会

$$\Delta x_{AP} = \frac{1}{a}(\Delta x_{AB} \cdot Q + \Delta y_{AB} \cdot R)$$
$$\Delta y_{AP} = \frac{1}{a}(\Delta y_{AB} \cdot Q - \Delta x_{AB} \cdot R)$$

(7-39)

因此，P 点的坐标为

$$x_P = x_A + \Delta x_{AP}$$
$$y_P = y_A + \Delta y_{AP}$$

(7-40)

求得 P 点坐标后，可用下式作计算检核

$$\sqrt{(x_P - x_A)^2 + (y_P - y_A)^2} = S_1$$

应该注意：若 $Q > S_1$，则 $\cos\alpha = Q/S_1$ 不成立，并有 $S_1 + S_2 < a$。这说明计算或观测成果中有错。另外，应用以上公式时要注意使 A、B、P 按逆时针排列。

算例见表 7-12。例中测了三个距离，并组成两个图形；计算两组坐标以作点位检核。

距离交会点计算

表 7-12

计算者：陈　平

所求点	441	
示　意　图	观　测　图	备　考

起　算　数　据			观　测　值	
点　名	x (m)	y (m)		m
A 116	3554091.81	40406996.32	S_1	192.14
B 117	3553896.39	40407193.69	S_2	267.93
C 113	3554294.27	40407418.46	S_3	276.75

坐　标　计　算							
第　一　组				第　二　组			
1. Q	76.1035254	5. x_p	3554163.63	1. Q	223.2332909	5. x_p	3554163.63
2. R	176.4257153			2. R	148.1667397		
3. Δx	+71.82	6. y_p	40407174.53	3. Δx	+267.24	6. y_p	40407174.48
4. Δy	+178.21			4. Δy	-19.21		
中　数	$x_p = 3554163.63$m				$y_p = 40407174.50$m		

计　算　公　式

$a^2 = (x_B - x_A)^2 + (y_B - y_A)^2$

$5. x_p = x_A + \Delta x$

$1. Q = \dfrac{a^2 + S_1^2 - S_2^2}{2a}$

$6. y_p = y_A + \Delta y$

$2. R = \sqrt{S_1^2 - Q^2}$

检核：

$3. \Delta x = \dfrac{1}{a}(\Delta x_{AB} \cdot Q + \Delta y_{AB} \cdot R)$

$$\sqrt{(x_p - x_B)^2 + (y_p - y_B)^2} = S_2$$

$4. \Delta y = \dfrac{1}{a}(\Delta y_{AB} \cdot Q - \Delta x_{AB} \cdot R)$

思 考 题

1. 什么叫解析图根点？敷设解析图根点常用哪些形式？

2. 试述解析图根测量外业工作的主要内容、图根点点位的基本要求以及各常用敷设形式所需要观测的数据。

3. 什么是坐标正算？什么是坐标反算？试写出它们的计算公式。

4. 导线计算中，要计算哪些闭合差，如何处理？

5. 导线计算中如果用各折角观测值先推算各边方位角后再计算方位角闭合差可以吗？此时闭合差应如何处理？

6. 导线计算中如果在连接点上观测连接角有误，又没有检核条件，会产生什么结果？

7. 导线计算中用未经检定的钢卷尺丈量闭合导线，未加尺长改正的误差能反映在闭合差上吗？

习 题

1. 坐标正算（精确到厘米）

（1）已知 $\alpha_{AB} = 203°14'50''$，$S_{AB} = 308.45\text{m}$，求 Δx_{AB}、Δy_{AB}。

（2）已知 $x_M = 4365.24\text{m}$，$y_M = 7324.78\text{m}$，$S_{MN} = 373.55\text{m}$，$\alpha_{MN} = 127°43'28''$，求 X_N，Y_N。

（3）如图 7-24，若 $\alpha_{NM} = 307°43'28''$，量得 $S_{NB} = 184.56\text{m}$，$\beta = 96°17'30''$，已知 $x_N = 357346.27\text{m}$，$y_N = 632587.37\text{m}$，求 B 点坐标。

2. 坐标反算（精确到厘米、秒）

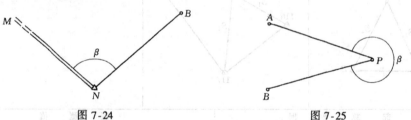

图 7-24   图 7-25

（1）已知 $x_A = 3243.13\text{m}$，$y_A = 4787.35\text{m}$，$x_B = 3586.72\text{m}$，$y_B = 3926.57\text{m}$，求 α_{AB} 和 S_{AB}。

（2）如图 7-25，$x_A = 35189.35\text{m}$，$y_A = 116.90\text{m}$，$x_B = 34671.79\text{m}$，$y_B = 1236.06\text{m}$，$x_P = 35060.02\text{m}$，y_P

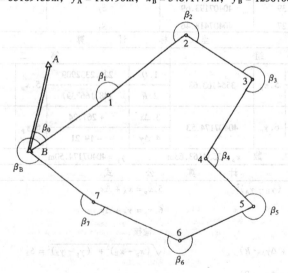

图 7-26

= 1595.35m，求 β 角。

3. 如图 7-26，某闭合导线的起算数据和观测数据如表 7-13，求各导线点的坐标。

表 7-13

已 知 数 据		
$x_A = 674.24$m		$y_A = 902.60$m；
$x_B = 426.00$m		$y_B = 873.00$m

观 测 数 据		
点　名	左 折 角 β	边 长 （m）
β_0	(35° 28′ 30″)	290.44
1	181 45 54	281.63
2	246 13 48	143.75
3	273 54 06	223.21
4	141 21 36	185.70
5	235 42 00	162.28
6	230 07 36	190.18
7	214 33 24	227.67
B	276 23 12	

4. 如图 7-27 所示，附合导线的起算数据和观测数据见表 7-14，求各导线点的坐标。

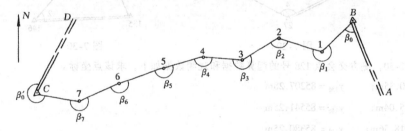

图 7-27

表 7-14

已 知 数 据		
$x_A = 14759.00$m		$y_A = 87115.48$m
$x_B = 15529.15$m		$y_B = 86924.61$m
$x_C = 14825.64$m		$y_C = 86083.20$m
$x_D = 15329.81$m		$y_D = 86447.19$m

观 测 数 据		
点　名	左 折 角 β (° ′ ″)	边 长 （m）
B	23 26 40	178.45
1	191 02 15	190.75
2	175 19 14	178.75
3	223 49 18	123.21
4	188 39 43	140.80
5	191 18 48	165.06
6	176 59 26	143.17
7	193 12 58	157.11
C	305 56 17	

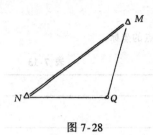

图 7-28

5. 如图 7-28，单三角形点 Q 的起算数据和观测数据如下，求 Q 点坐标。

$x_M = 5297.12m$；　$y_M = 7101.90m$

$x_N = 5152.13m$；　$y_N = 6982.74m$

$\angle Q = 93°54'14''$；

$\angle M = 38°41'17''$；

$\angle N = 47°24'35''$。

6. 如图 7-29，前方交会点 N_1 的起算数据和观测数据如下，求该点的坐标。

$x_{25} = 58734.10m$；　$y_{25} = 44363.45m$

$x_{26} = 58102.69m$；　$y_{26} = 44113.80m$

$x_{27} = 57266.71m$；　$y_{27} = 44354.65m$

$\angle 1 = 43°27'20''$；　$\angle 2 = 65°17'29''$

$\angle 3 = 77°03'56''$；　$\angle 4 = 32°19'21''$

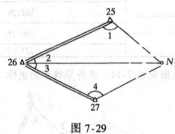

图 7-29

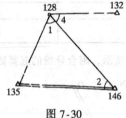

图 7-30

7. 如图 7-30，侧方交会点 128 号的起算数据和观测数据如下，求该点坐标。

$x_{136} = 640.35m$；　$y_{136} = 85207.28m$

$x_{146} = 685.04m$；　$y_{146} = 85541.25m$

$x_{132} = 1018.36m$；　$y_{132} = 85380.25m$

$\angle 1 = 49°15'18''$；　$\angle 2 = 49°58'47''$

$\angle \varepsilon = 55°18'14''$

8. 在已知点 A 上设测站，观测已知点 B 和辐射点 P_1、P_2、P_3（如图 7-31）。已知 A 点坐标 $x_A = 6378.57m$，$y_A = 3670.93m$，AB 边方位角 $\alpha_{AB} = 332°18'57''$，计算 P_1、P_2、P_3 点坐标。

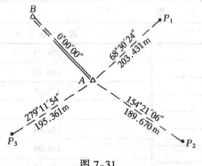

图 7-31

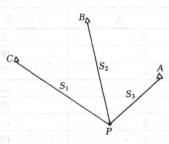

图 7-32

9. 如图 7-32，在已知点 A、B、C 上测得距离交会点 P 的距离 $S_1 = 151.457m$、$S_2 = 169.662m$、$S_3 = 103.329m$。已知点坐标为：

$x_A = 6302.51\text{m}；\quad y_A = 2588.71\text{m}$

$x_B = 6420.37\text{m}；\quad y_B = 2480.35\text{m}$

$x_C = 6333.98\text{m}；\quad y_C = 2371.60\text{m}$

10. 某单结点导线如图 7-33 所示，已知数据、观测数据如表 7-15，试求算各导线点坐标。

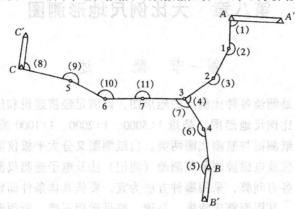

图 7-33

已 知 数 据 表 7-15

点 号	x (m)	y (m)	边 号	方位角
A	11768.714	8419.242	$A' - A$	274°23′34″
B	10878.302	8415.114	$B' - B$	8°10′27″
C	11131.959	7722.199	$C' - C$	194°20′12″

观 测 数 据

角 号	角 值	边 号	边 长 (m)
(1)	86°43′16″	$A - 1$	221.650
(2)	182 22 43	$1 - 2$	195.843
(3)	188 59 57	$2 - 3$	229.356
(4)	115 23 37	$B - 4$	189.781
(5)	176 33 43	$4 - 3$	98.163
(6)	123 09 05	$C - 3$	154.773
(7)	131 27 46	$5 - 6$	148.337
(8)	70 04 34	$6 - 7$	151.480
(9)	203 16 41	$7 - 3$	187.751
(10)	165 40 29		
(11)	165 59 58		

第八章　大比例尺地形测图

第一节　概　　述

地形测图的任务是测绘各种比例尺的地形图，以满足经济建设和国防建设的需要。

地形测量中的大比例尺地形图，是指 1:5000、1:2000、1:1000 或更大比例尺的地形图。其测图方法有白纸测图与航测成图两类。白纸测图又分大平板仪测绘法、经纬仪配合小平板测绘法、经纬仪或电磁波测距仪测绘（测记）法及电子速测仪测绘法等。

这些测量方法，各有利弊，采用哪种方法为宜，要依具体条件而定。但无论采用何种方法所测绘的地形图，其图面都应清晰、易读，符号运用正确，所须测绘的各项地形元素应测全，精度合乎规定要求。

大比例尺地形测图时各级平面控制点的坐标，应采用 3° 带高斯平面直角坐标，并尽可能采用全国统一坐标系统。高程控制网也应尽可能采用全国统一的高程系统。

大比例尺地形测图中，测绘 1:1000 和更大比例尺图，均采用按坐标网线划分的正方形图幅；测绘大面积的 1:5000、1:2000 比例尺图，应采用按经纬线划分的梯形图幅，测绘面积较小的或狭长地带的 1:5000、1:2000 图，则采用正方形图幅。

地形测图，一般应按规范进行，同时必须满足用图单位的各种专门要求。

第二节　地形图的分幅和编号

为了不重复、不遗漏地测绘各地区的地形图，也为了能科学地管理、使用大量的各种比例尺地形图，必须将不同比例尺的地形图，按照国家统一规定进行分幅和编号。

所谓分幅、编号，就是以经纬线（或坐标网线）按规定的大小和分法，将地面划分成整齐的、大小一致的、一系列梯形（或正方形或矩形）的图块，每一图块叫做一个图幅，并给以统一的编号。

一、梯形图幅分幅与编号

我国现行规范规定，采用梯形图幅的国家基本地形图，其比例尺序列为：1/1000000、1/500000、1/250000、1/100000、1/50000、1/25000、1/10000、1/5000。

（一）1:1000000 地形图的分幅和编号

1:1000000 地形图的分幅和编号是国际统一的，也是其他比例尺地形图分幅和编号的基础。如图 8-1 所示，从赤道起向北或向南至纬度 88° 止，分别按纬差 4° 分成行，每行依次用 A、B、C……V 表示。从经度 180° 起自西向东按经差 6° 分成列，全球共划分为 60 列，各列依次用 1、2、3……60 表示，每一幅图的编号由其所在的行号和列号组成。例如某地的经度为 118°54′，纬度为北纬 32°07′，则其所在的 1:1000000 比例尺图的图号为 I50（见图 8-1）。

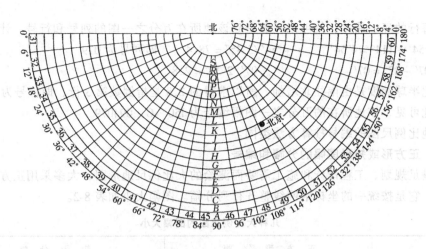

图 8-1 1:1000000 地形图的分幅和编号

（二）1:500000、1:250000、1:100000 及其他比例尺地形图的分幅和编号

大于 1:1000000 地形图的分幅和编号，都是以 1:1000000 地形图图幅为基础，分别以不同的经差和纬差将 1:1000000 图幅划分成若干行和列，即将 1:1000000 地形图图幅划分成若干幅不同比例尺的图幅，其所划的行数、列数及各种比例尺地形图的经差、纬差、比例尺代号等详见表 8-1。

各种比例尺地形图梯形图幅分幅   表 8-1

比例尺	图幅大小		比例尺代号	在 1/1000000 图幅中包含本比例尺的图幅数（行数×列数）	某地图幅编号
	经度	纬度			
1:500000	3°	2°	B	2×2＝4 幅	I50 B 002002
1:250000	1°30′	1°	C	4×4＝16 幅	I50 C 004004
1:100000	30′	20′	D	12×12＝144 幅	I50 D 012010
1:50000	15′	10′	E	24×24＝576 幅	I50 E 020020
1:25000	7.5′	5′	F	48×48＝2304 幅	I50 F 047039
1:10000	3′45″	2′30″	G	96×96＝9216 幅	I50 G 094079
1:5000	1′52.5″	1′15″	H	192×192＝36864 幅	I50 H 187157

每一图幅的编号如下：

例：某地经度为 118°54′，纬度为 32°07′，求其所在的 1:10000 比例尺地形图的编号。

由图 8-1 可知，该地 1:1000000 地形图图号为 I50，其西边经线的经度为 114°，南边纬线的纬度为 32°，根据万分之一图是由百万分之一图划分成 96 行 96 列而成，其每列经差、每行纬差分别为 3′45″ 和 2′30″，由该地距百万分之一图西、南图边线的经、纬差除以相应每列、每行的经、纬差，就可以计算得到该地所在万分之一图的列号和行号。计算如下：

118°54′ – 114° = 4°54′   4°54′/3′45″ = 78.4   即列号为 079

32°07′ – 32° = 07′   07′/2′30″ = 2.8

因北半球纬度是由南往北增加，所以求得的 2.8 是指倒数第 3 行，即行号为 094。

由此可见，该地所在的万分之一图幅编号为 I50   G   094079

其他比例尺图的编号推算方法类同。

二、正方形或矩形图幅的分幅和编号

为满足规划、工程设计和施工需要而测绘的大比例尺地形图，大多采用正方形或矩形分幅法。它是按统一的坐标格网线整齐行列分幅。图幅大小如表 8-2。

几种大比例尺图的图幅大小   表 8-2

比例尺	正 方 形 分 幅		矩 形 分 幅	
	图幅大小（cm²）	实地面积（km²）	图幅大小（cm²）	实地面积（km²）
1:5000	40 × 40 或 50 × 50	4 或 6.25	50 × 40	5
1:2000	50 × 50	1	50 × 40	0.8
1:1000	50 × 50	0.25	50 × 40	0.2

例如，某测区测绘 1：1000 地形图，测区最西边的 Y 坐标线为 45.6km，最南边的 X 坐标线为 64.5km，采用 50cm × 50cm 的正方形图幅，则实地 500m × 500m，于是该测区的分幅坐标线为：由南往北是 X 值为 64.5km、65.0km、65.5km……的坐标线，由西往东是 Y 值为 45.6km、46.1km、46.6km……的坐标线。所以，正方形分幅划分图幅的坐标线须依据比例尺大小和图幅尺寸来定。

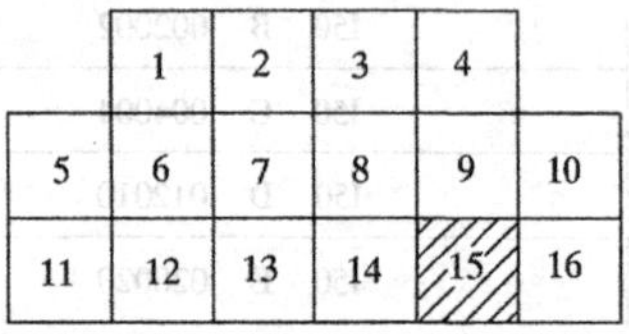

图 8-2 流水编号法 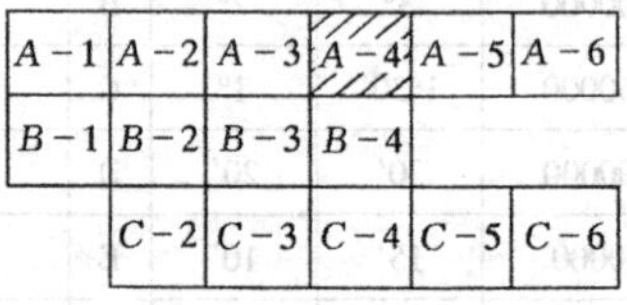   图 8-3 行列编号法

较大面积测区的正方形分幅一般采用图廓西南角坐标公里编号法，小测区则可选用流水编号法或行列编号法等。

（1）坐标编号法：即以图幅西南角坐标公里数，X 坐标在前，Y 坐标在后。其中 1：500 比例尺图幅坐标取至 0.01km（如 10.40 – 21.75），1：1000、1：2000 取到 0.1km（如 326.0 – 185.6）。

（2）流水编号法：即从左到右，从上到下以阿拉伯数 1，2，3……编定，如图 8-2 第 15 号图可写为：× × – 15（× × 为测区名称）。

（3）行列编号法：一般以代号（如 A，B，C，D……）为行，由上到下排列；以阿拉伯数字作为列代号，从左到右来编号；图号为：行号 – 列号，如图 8-3 所示的 A – 4。

第三节 地 物 符 号

　　地形图要求清晰、准确、完整地显示测区内的地物和地貌，所有的地物、地貌在图上都是用符号表示的。表示地物的称地物符号，表示地貌的称地貌符号。我国由国家测绘局制定、技术监督局发布的一套《地形图图式》，对地形图上的符号作了统一的规定，按不同比例尺分为若干册。如《1:500 1:1000 1:2000 地形图图式》就是供大比例尺测图用的，测绘何种比例尺图就应按相应比例尺地形图图式所规定的符号来表示。同时应注意由于经济发展需要，我国对图式曾作过多次修改，目前正使用的是 1995 年版本。

　　地物种类繁多，测图比例尺也各不相同，图式有若干册，这里不可能将所有符号一一介绍，只能按表示方法将它们进行归类，来说明符号运用时的一般原则，并列出一些 1:1000 比例尺图中常用的符号供参考（见表 8-3）。

地 物 符 号　　　　　　　　　　　　表 8-3

编号	符号名称	图　例	编号	符号名称	图　例
1	一般房屋	 混3	8	菜　地	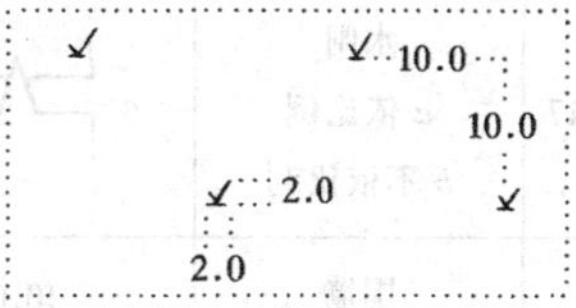
2	廊　房	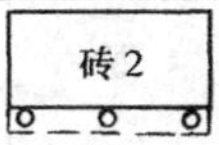 砖2			
3	简单房屋	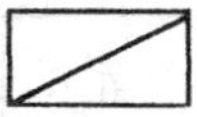	9	草　地	
4	台　阶	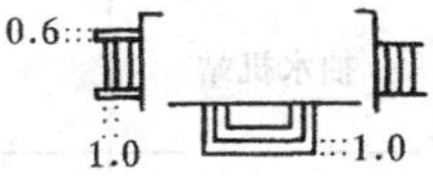			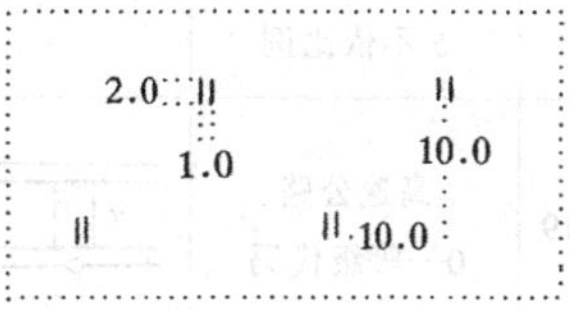
5	水　田	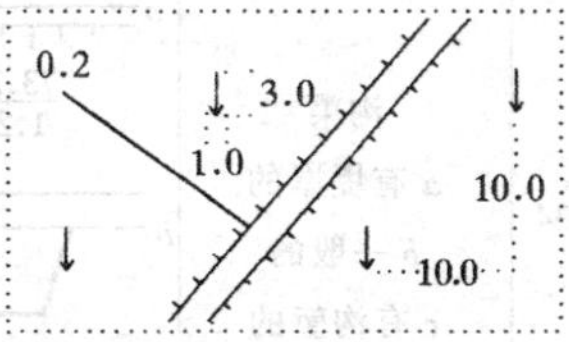	10	灌　木　林	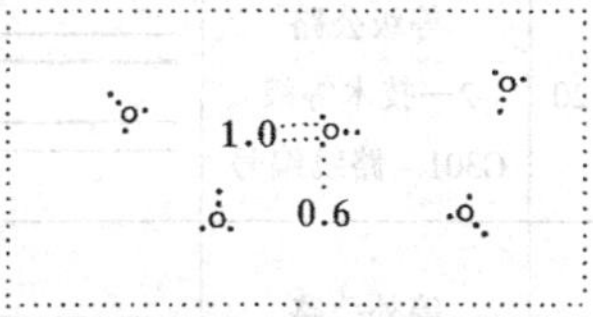
6	旱　地	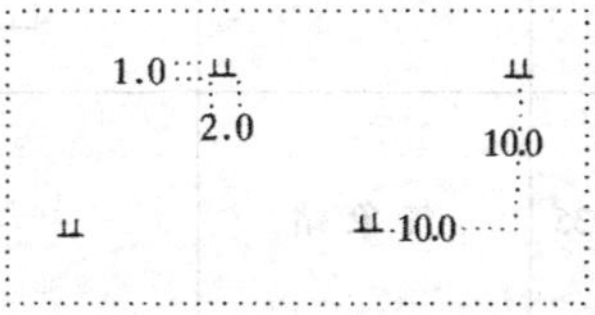	11	疏　林	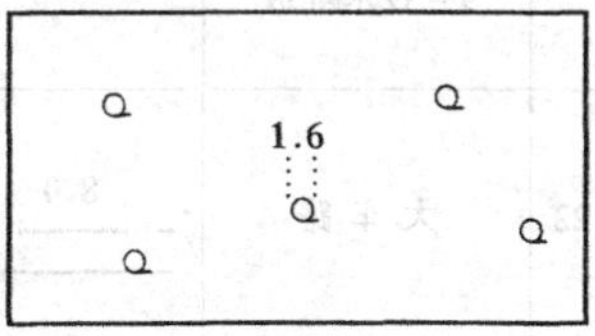
7	花　圃	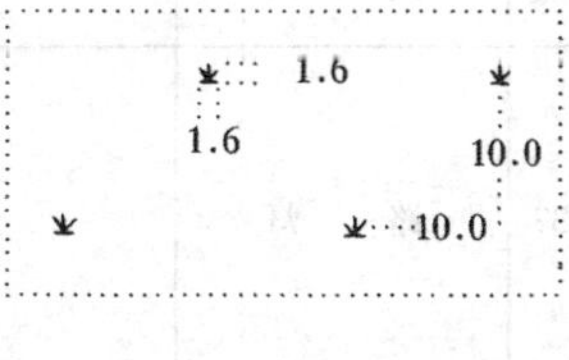	12	果　园	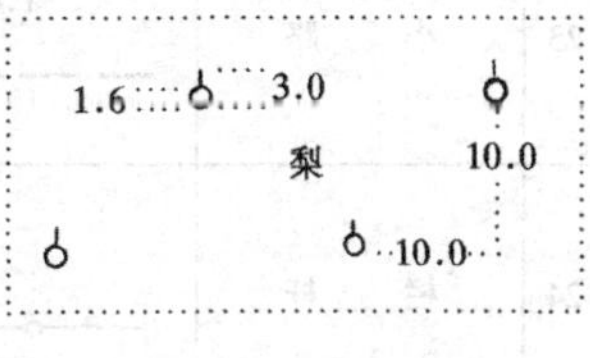 梨

编号	符号名称	图例	编号	符号名称	图例
13	水塔 a 依比例 b 不依比例		25	铁丝网	
14	水塔烟囱 a 依比例 b 不依比例		26	活树篱笆	
15	电线塔 a 依比例 b 不依比例		27	高压线	
			28	低压线	
16	变电室 a 依比例 b 不依比例		29	通讯线	
			30	公路桥	
17	水闸 a 依比例 b 不依比例		31	小 桥	
18	围墙 a 依比例 b 不依比例		32	钻 孔	
19	高速公路 0—等级代码		33	抽水机站	
20	等级公路 2—技术等级 G301－路线编号		34	沟渠 a 有堤岸的 b 一般的 c 有沟堑的	
21	等外公路 9－技术等级				
22	大车路		35	气象站	
23	小 路		36	阀 门	
24	栏 杆		37	路 灯	

编号	符号名称	图例	编号	符号名称	图例
38	岗亭、岗楼	90° 3.0 1.6	44	水龙头	2.0 3.6
			45	水准点	2.0 ⊗ II京石5 / 32.804
39	消火栓	1.6 2.0 3.6	46	高程点及其注记	0.5 ·163.2
40	独立树 a 阔叶 b 针叶	1.6 1.6 a 2.0 3.0 b 3.0 1.0 1.0	47	窑洞 a 不依比例 b 依比例	a 3.6 2.0 b
41	三角点 凤凰山 – 点名 394.468 – 高程	△ 凤凰山 394.468 3.0	48	等高线 a 首曲线 b 计曲线 c 间曲线	a 0.15 b 0.3 1.0 c 6.0 0.15
42	导线点 I16 – 等级、点号 84.46 – 高程	2.0 □ I16 / 84.46			
43	图根点 a 埋石 b 不埋石	a 1.6 ⊕ 16/84.46 b 1.6 ◎ 25/62.74 2.6			

一、比例符号

一些占地面积较大，按比例尺缩小后能够显示在地形图上的地物，将其形状轮廓线按规定的符号描绘在图纸上，这种符号称为比例符号。如：房屋、湖泊、稻田等，如表 8-3 中 1~12、13~18 之 *a*、19~22。此类符号的形状、大小和位置均表示了地物的实状。

二、非比例符号

一些较小地物按比例尺缩小后，描绘到图上仅是一个点或极小图形，无法将其性质、形状、大小表示清楚，图式中则规定了一些形象的图形符号来表示。如导线点、消火栓、岗亭等，见表 8-3 中 13~17 之 *b*、32、33、35~45。这类符号其图形仅表示属何种地物，不表示地物的大小和实形，符号的定位点，才是实地地物中心在图上的位置。

非比例符号的定位点图式中有规定，基本遵循以下几点：

（1）规则的几何图形符号，其图形几何中心点为定位点，如导线点、三角点等。

（2）底部为直角的符号，以符号的直角顶点为定位点，如独立树、路标等。

（3）底宽符号以底线的中点为定位点，如烟囱、岗亭等。

（4）几种图形组合符号，以符号下方图形的几何中心为定位点，如路灯、消火栓等。

（5）下方无底线的符号，以符号下方两端点连线的中心为定位点，如窑洞、山洞等。

三、半比例符号

一些带状延伸地物，由于其宽度较小，按比例缩小到图上仅是一条线。为区分不同地物，图式中给出了不同线形的符号，分别表示不同性质、不同等级的地物，此类符号称半比例符号。如铁路、通讯线、小路、管道、栏栅、境界等，如表 8-3 中 18*b*、23~29、34*b*。这类符号的线形宽度并不代表实地地物的实宽，只能说明地物的性质和相应的等级，但长度是按比例的，其符号中心线即为实地地物中心线的图上位置。

四、地物注记

地形图上仅用地物符号有时还无法表示清楚地物的某些特定性质和量值等，只能用文字、数字或特有符号来说明，这些均称为地物注记。如城镇、学校、河流、道路的地理名称；桥梁的材质、长宽及载重量；房屋的结构、层次、房高；河流的流向、流速及深度；道路的去向；树林、果树、作物的类别等，均属地物注记。如表 8-2 中的房屋结构和层次、控制点、道路等级和编号、经济作物种类、沟渠中水流方向等。

测图比例尺影响地物缩小的程度，有时，同一地物在不同比例尺图上运用符号就不相同。例如：一个直径为 6m 的水塔和路宽为 2.5m 的大车路，在 1:1000 图上可用比例符号表示，但在 1：5000 图上只能用非比例符号和半比例符号表示。总之，符号的运用必须按图式规定执行。

第四节　地　貌　符　号

一、典型地貌的名称

地貌是指地表面的高低起伏形态，是地形图要表示的重要信息之一。地貌的基本形态可以归纳为几种典型地貌：①山丘；②洼地；③山脊；④山谷；⑤鞍部；⑥绝壁等（见图8-4）。

凸起而高于四周的高地称为山丘，凹入而低于四周的低地称为洼地，山坡上隆起的凸棱称为 山脊，山脊上的最高棱线称为山脊线，两山坡之间的凹部称为山谷，山谷中最低点的连线称为山谷线，近于垂直的山坡称为绝壁（陡崖、陡坎），上部凸出、下部凹入的绝壁称为悬崖，相邻两个山头之间的最低处形状如马鞍状的地形称为鞍部，它的位置是两个山脊线和两个山谷线交会之处。

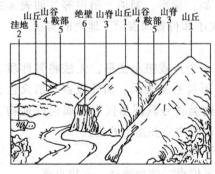

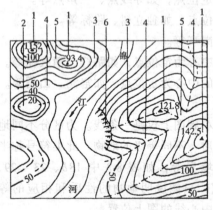

图 8-4　地貌及等高线表示

二、等高线的概念

地形图中是用等高线、特殊地貌符号和高程注记来表示地貌的。等高线是地面上高程相同的相邻各点所连接而成的闭合曲线。水面静止的池塘的水边线，实际上就是一条闭合的等高线。如图 8-5，设有一座位于平静湖水中的小山丘，湖水淹没到仅见山顶时的水面高程为 80m，此时，水面与山坡就有一条交线，而且是闭合曲线，曲线上各点的高程是相等的，这就是高程为 80m 的等高线。随后水位下降 5m，山坡与水面又有一条交线，这就是高程为 75m 的等高线。水位再下降 5m，又可得 70m 的等高线。依次类推，水位每降落 5m，水面就与地表面相交留下一条等高线，从而得到一组相邻高差为 5m 的等高线。设想把这组实地上的等高线沿铅垂方向投影到水平面 H 上，并按规定的比例尺缩绘到图纸上，就得到用等高线表示该山丘地貌的等高线图。

三、等高距和等高线平距

相邻等高线之间的高差称为等高距，常以 h 表示。图 8-5 中的等高距为 5m。在同一幅地形图上，等高距 h 是相同的。相邻等高线之间的水平距离称为等高线平距，常以 d 表示。h 与 d 的比值就是地面坡度 i

$$i = \frac{h}{d \cdot M} \qquad (8\text{-}1)$$

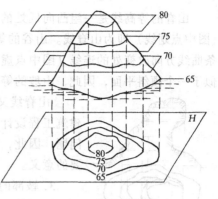

图 8-5 等高线原理

式中 M 为比例尺分母。坡度 i 一般以百分率表示，向上为正、向下为负，例如 $i = +5\%$、$i = -2\%$。因为同一张地形图内等高距 h 是相同的，所以地面坡度与等高线平距 d 的大小有关。由公式（8-1）可知，等高线平距越小，地面坡度就越大；平距越大，则坡度越小；平距相等，则坡度相同。因此，可以根据地形图上等高线的疏、密来判定地面坡度的缓、陡。

用等高线表示地貌，等高距越小，显示地貌就越详细；等高距越大，显示地貌就越简略。但是，当等高距过小时，图上的等高线过于密集，将会影响图面的清晰。因此，在测绘地形图时，应选择合适的等高距，该等高距称基本等高距，其大小是根据测图比例尺与测区地形情况来确定的，可参见表 8-4。

大比例尺测图用基本等高距（m）　　　　表 8-4

比 例 尺	地 面 倾 斜 角		
	0°～6°	6°～15°	15°以上
1:5000	1.0	2.5，2.0	2.5，2.0，5.0
1:2000	0.5	1.0	2.5，2.0
1:1000	0.5	1.0	1.0

四、等高线的分类

（1）首曲线：在同一幅图上，按规定的基本等高距描绘的等高线称为首曲线，也称基本等高线。它是宽度为 0.15mm 的细实线。

（2）计曲线：凡是高程能被 5 倍基本等高距整除的等高线，称为计曲线。为了读图方便，计曲线要加粗（线宽 0.3mm）描绘。

（3）间曲线和助曲线：当首曲线不能很好地显示地貌的特征时，按二分之一基本等高距描绘的等高线称为间曲线，在图上用长虚线表示。有时，为显示局部地貌的需要，按四分之一基本等高距描绘的等高线，称为助曲线，一般用短虚线表示。间曲线和助曲线可以仅仅在坡度变化处描绘，故可在图内中断（见图 8-4 地形图的左下部分）。

五、用等高线表示典型地貌

1. 山丘和洼地的等高线

图 8-4 中①处为山丘的等高线，②处为洼地的等高线。它们投影到水平面上都是一组闭合曲线，从高程注记中可以区分这些等高线所表示的是山丘还是洼地，也可通过等高线上的示坡线（图 8-4 左上部分垂直于等高线的短线）来区分，坡线的方向指向低处。

2. 山脊和山谷的等高线

山脊的等高线是一组凸向低处的曲线（图 8-4 的③处），各条曲线方向改变处的连线（图中点划线）即为山脊线。山谷的等高线为一组凸向高处的曲线（图 8-4 中的④处），各条曲线方向改变处的连线（图中点虚线）称为山谷线。山脊和山谷的两侧为山坡，山坡近似于一个倾斜平面，因此，山坡的等高线近似于一组平行线。

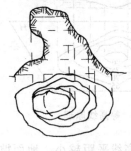

山脊线又称为分水线，山谷线又称为集水线。在地区规划及建筑工程设计时经常要考虑到地面的水流方向、分水线、集水线等问题，因此，山脊线和山谷线在地形图测绘和地形图应用中具有重要的意义。

3. 鞍部的等高线

典型的鞍部是在相对的两个山脊和山谷的会聚处（图 8-4 的⑤处）。它的左右两侧等高线是相对称的两组山脊线和两组山谷线。鞍部在山区道路的选线中是一个关节点，越岭道路常要经过鞍部。

图 8-6 悬崖和绝壁处的等高线

4. 绝壁和悬崖符号

绝壁和悬崖都是由于地壳产生断裂运动而形成的。绝壁有比较高的陡峭岩壁，等高线非常密集，因此在地形图上要用特殊符号来表示绝壁（图 8-4 的⑥处）。悬崖是近乎直立而下部凹入的绝壁，若干等高线投影到地形图上会相交（图 8-6），俯视时隐蔽的等高线用虚线表示。

六、等高线的特性

为了掌握用等高线表示地貌时的规律性，现将等高线的特性归纳如下：

（1）同一条等高线上各点的高程都相同；

（2）等高线是闭合的曲线，如果不在本幅图内闭合，则必在图外闭合；

（3）除在悬崖和绝壁处外，等高线在图上不能相交，也不能重合；

（4）等高线平距小，表示坡度陡，平距大表示坡度缓，平距相同表示坡度相等；

（5）等高线与山脊线、山谷线成正交。

七、高程注记

地形图上仅用等高线及特殊地貌符号还不足以清楚地表示地表的高低量值，因此，还须配以高程注记，即用数字来说明等高线及某些特殊点位的高程。高程注记分等高线高程注记和高程点高程注记两种，前者沿等高线排列字头朝向高处，后者一般在相应点位右侧直立注写，以不压盖重要地物为原则，不能注写在水域，若点位右侧不便注写时，亦可在点位的它侧。如图 8-4 中的 20、50、100 为等高线高程注记，121.8、93.4 为高程点高程注记。

第五节　地形测图的准备工作

地形测图的准备工作，有资料、仪器、测图纸等准备工作。

一、资料准备

包括已知点、图根控制点的数据成果，有关规范、图式、技术设计资料等。

二、仪器、器材准备

用于测图的仪器、器材均应在测前检查，并检校，以达到规范要求，认真清点各种器材物品是否备齐好用，避免在野外测图时窝工。

三、准备测图纸

1. 图纸的选用

地形图测绘应选用质地密实、不易变形的聚酯薄膜或普通优质绘图纸做测图纸，聚酯薄膜是一面打毛的半透明图纸，厚度有 0.05 ~ 0.1mm，一般测图选用 0.07mm 或 0.1mm 的两种。热定型的聚酯薄膜伸缩率极小，坚韧耐湿，沾污后可洗，图纸上着墨后，可直接覆晒蓝图，但易燃，有折痕后不易消除。因此在测图、保管和使用时应多加注意。测图时是将裁割好的图纸底下垫上一张白纸后，再用透明胶带将其粘贴在测图板上。

2. 绘制坐标格网

与测量工作先控制后细部的道理一样，为确保成图质量，必须先在图纸上精确地绘制坐标方格网，方格大小为 10cm × 10cm。绘制格网的方法根据使用工具、仪器的不同有：普通钢直尺对角线法，坐标格网尺法，坐标展点仪法，绘图仪绘格网法，格网板划线法等。此外，测绘用品商店还有印刷好格网和图廓的聚酯薄膜图纸出售。这里仅介绍由普通钢直尺按对角线法绘制方格网的方法：

如图 8-7，先沿图纸的四角，用长直尺轻轻地画出两条细而直的对角线交于 O 点，自 O 点起沿两对角线向四角量取等长线段，得 A、B、C、D 四点，其长度以超出欲绘制的坐标网为佳。依次以直线连接四端点，得矩形 $ABCD$，然后，从 A、B 两点起沿 AD、BC 向右每隔 10cm 截取各分点，再从 A、D 起沿 AB、DC 向上每隔 10cm 截取各分点，并以细直线连接上下、左右边各对应分点，如 1—1、2—2 等，即得方格网。

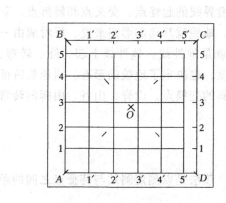

图 8-7　用直尺绘坐标网

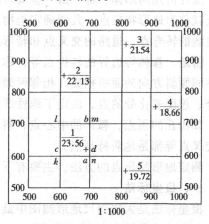

图 8-8　图根控制点的展绘

3. 格网的检查和注记

不论是自绘还是购买的图纸均应满足如下要求：

（1）方格点的角点应在一直线上，偏离不得大于 0.2mm。

（2）线应直，其粗度不大于 0.15mm。

（3）各线段长度与理论长度之差，不容许超过 0.2mm。

（4）对角线长度与理论值之差，不得超过 0.3mm。

为此，必须仔细检查，若超限必须进行修改或重绘。坐标网格线经检查合格后，应在线的旁边注记坐标值（见图 8-8），每幅图的格网线坐标值应按图的分幅来确定。

4. 展绘控制点

控制点包括图根点和在图幅内的其他有高程的平面控制点。展点时，首先要确定控制点所在的方格。如图 8-8 所示（设比例尺为 1:1000），导线点 1 的坐标为：$x_1 = 624.32$m、$y_1 = 686.18$m，由坐标值确定其位于 $klmn$ 方格内。然后，从 k 向 n 方向、从 l 向 m 方向各量取 86.18m（即图上 86.2mm）得 a、b 两点，同样，再从 k 和 n 点向上量取 24.32m（即图上 24.3mm），可得 c、d 两点，沿 ab 和 cd 在相交处划线（约 5mm 长）得一"十"字，交点即为导线点 1 在图上的位置，在右侧按图式所示注写点号和高程，按同样方法完成图幅内其他各点的展绘。最后，用控制点坐标反算求得相邻点的距离并化算为图上距离，与图上实量距离相比较，来检核展点精度，最大误差应不超过 ±0.3mm，每一点至少要有两个不同方向的距离来检核。若超限，应重新展绘。

第六节 测定地形特征点的方法

地形测图就是在地面图根控制点（包括三角点、导线点等平面控制点）上设站、安置仪器，测定周围地形特征点在图上的平面位置和高程，然后描绘出地物和地貌。

地形图的质量和测图速度在很大程度上取决于立尺员能否合理、正确地选择地形特征点。

地表上地物、地貌形态虽然多种多样，但这些形态总是可以概括、分解成各种几何形体。而任何几何形体，都可由一些具有决定性的点所连成的直线或曲线来确定，所以，这些点就称为地形特征点。凡能确定地物形状的点，如房屋轮廓的转折点，河流、池塘、湖泊边线的转弯点，道路的交叉点和转弯点，管线、境界线的起终点、交叉点和转折点，草地、耕地、森林等边界的转折点等，称地物特征点。地貌就其局部形态来说，可看成由一些不同倾斜方向的面所构成。相邻两倾斜面的交线就是地性线。地性线上起、终、转弯、分合、坡度变化处的点，决定了地性线的位置和坡度，也决定了地貌的形态，叫地貌特征点。如山丘的顶点，鞍部的中心点，斜坡方向和倾斜的变换点，山脊、山谷、山脚的转弯和交叉点等都是地貌特征点。

测定地形特征点的方法，主要有下面几种。

一、极坐标法

极坐标法是大比例尺地形测图中最基本的方法。该法是以测定测站与特征点之间的距离和方向来确定特征点图上位置的。

如图 8-9，设 A、B 为地面图根点，其图上相应点位为 a、b，1 为特征点。在 A 点安置仪器，待测点 1 上立标尺，测出 $A1$ 方向与 AB 方向间的水平角 β_1（或直接图解）和 $A1$ 的水平距离 D_1，将 D_1 用比例尺化算为图上距离 d_1，在图上根据 β_1 定出 $a1$ 方向，在此方向线上截取 d_1 长度，即可定出特征点 1 的图上位置。

极坐标法在通视良好的开阔地区，可以测定较大范围内的特征点。该法所测定的点都是独立的，不会产生特征点之间的误差累积。当个别特征点有错时，在描绘地物轮廓或等高线时就能及时发现，便于现场改正。

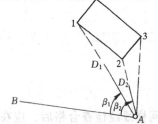

图 8-9 极坐标法测定特征点

二、距离交会法

距离交会法，是测定欲测特征点到两个控制点（或已测定其图上位置的特征点）的距离，然后在图上以两控制点为圆心，以相应距离为半径画弧，交出待测点。该法主要用在地物多而密集（如居民地）的地方。如图 8-10，图中 P、Q 为已测绘好的地物点，欲测 1、2 两点，具体操作如下：

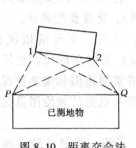

图 8-10　距离交会法
测定特征点

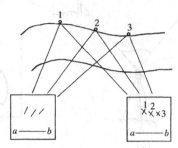

图 8-11　方向交会法
测定特征点

用皮尺量出 $P1$、$P2$、$Q1$、$Q2$ 的水平距离，按比例尺算出图上相应长度，然后在图上以 P 为圆心，长度 $P1$、$P2$ 为半径，用两脚规画出圆弧（在估计位置画短弧），同样，以 Q 点为圆心，$Q1$、$Q2$ 为半径又画出两弧线，与 P 点画出的对应点的圆弧相交，可得 1、2 两点。连接 1、2 两点得地物一条边的位置。如果再量出房屋的宽度，就可以在图上以推平行线的方法绘出该地物。

注意：仅用两个距离交会出一个点缺少检核，为避免错误，应再丈量一些距离（如 1—2 边长）与图上距离比较作检核。此外，因测定的点受圆心点和长度的精度影响，故交会层次不宜多。

三、方向交会法

当地物点距测站较远，或河流、水田等阻碍不便立尺和量距时，可用方向交会法来测定特征点。如图 8-11 所示，欲测河对岸 1、2、3 特征点。可分别在 A、B 设站，照准 1、2、3 点（不必立尺），与极坐标法操作相同，测出与已知方向 AB（BA）的夹角，即可得到由 A 点照准 1、2、3 点的方向线 $A1$、$A2$、$A3$ 和 B 点照准 1、2、3 点的方向线 $B1$、$B2$、$B3$，对应方向线相交即可得出 1、2、3 点的图上位置。此法操作简便，能减少跑尺工作，精度也较好。在展望良好、特征点目标明显且距离较远的情况下最适用。注意，为图面清洁方向线不能画得太重、太长，只需在估计相交的位置画短线就行。

第七节　经纬仪测绘法

测绘地形图的方法有：平板仪测绘法、经纬仪测绘法、经纬仪和小平板联合测绘法、光电测距仪测绘法、以及全站仪野外采集数据机助成图法等。经纬仪测绘法因仪用普通的 DJ_6 经纬仪，所以是目前使用较普遍的一种测图方法，它是采用视距极坐标法来测定特征点，即用经纬仪测定已知方向与特征点方向之间的水平角，用视距测量方法测水平距离和高程。然后，用量角器或展点板展绘点位并绘制地物地貌。

一、经纬仪测绘法一个测站的工作

经纬仪测绘法的具体操作（见图 8-12）如下：

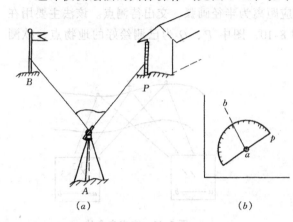

图 8-12 经纬仪测绘法测定碎部点

（1）安置仪器：先将经纬仪安置在测站点（如 A 点），对中整平后，量取仪器高。

（2）定向：经纬仪照准另一已知点（如 B 点），将度盘配到 0°。

（3）立尺：立尺员依次在特征点（如 P 点）上树立标尺。立尺前，立尺员应弄清实测范围和实地情况，选定立尺点，并与观测员和绘图员共同商定跑尺路线。

（4）观测：观测员转动照准部，用望远镜（取盘左位）竖丝照准特征点上的标尺，然后上下转动望远镜，将水平中丝对准标尺的仪器高处（或一个固定的高度）读取视距和水平度盘读数，最后在竖盘指标水准器居中的情况下读取垂直度盘读数（度盘读数均只要读到分）。

（5）记录：记录员一开始应把测站点号、定向点号、仪器高、照准高、仪器指标差等数据记录在手簿的相应位置。然后，再将测得的各特征点数据，即视距、水平角、垂直度盘读数，按次序记录在表格中。表格形式可参见表8-5。对于有特殊作用的特征点，如房角、山头、鞍部等，应在备注中加以说明。

（6）计算：根据视距计算公式 $D = kl \, (\cos\alpha)^2$ 及 $\alpha = 90 - L$，直接用计算器算得平距 D，再按公式 $H_{点} = D\tan\alpha + 仪器高 - 照准高 + H_{站}$，计算出测点的高程。若有可编程计算器，用编程计算十分方便。当照准高等于仪器高时可简化计算。

碎部测量手簿　　　　　　　　　　　　　　　　　表 8-5

测站点：A　　定向点：B　　测站高程：56.43m　　仪器高：1.46m　　指标差：0′　　照准高：1.46m

点号	视距 kl (m)	水平角 (° ′)	竖盘读数 (° ′)	平距 (m)	高程 (m)	备注
1	28.3	102 00	93 28	28.20	54.72	山脚
2	41.4	129 25	74 26	38.42	67.13	山顶
⋮						
50	37.8	286 35	91 14	37.78	55.62	电杆

（7）展绘碎部点：绘图员在开始展图前，必须先在准备好的测图纸上，精确连出测站点到定向点的直线，称为定向线，并将量角器的圆心用小针牢固地固定在测站点上，在观测员报出水平角后，绘图员将量角器上等于水平角值的刻划线对准定向线，此时量角器的零方向边即是测站点到特征点的方向线（因测图用的量角器刻划是按逆时针注记的）。用边上的直尺按记录员报出的水平距离缩小 M（比例尺分母）倍取点，并在点右侧注上其高程。为防止图上点太多，可用测点当小数点。测点高程一般取到 0.1m，但 1:500 地

形图上则取到0.01m。

以上是一个点的测定工作，同法可测出其余各碎部点的图上位置和高程。测了一些点后，即可根据这些点的相关关系绘出地物或地貌。例如同一房屋的点连出房屋轮廓线，同一条地性线的点连出地性线。直到该测站所能测到的地形测完，迁到相邻测站点继续工作，这样一站接一站的测满整幅图。

二、测站点位置的检查

为确保测图质量，每个站开测前首先应检查测站点位置的正确性，方法步骤如下：

(1) 测站定向后，反觇另一已知点（检查点），读出其方向值，绘图员转动量角器，使量角器上等于方向值的分划对准定向线；然后观察图上检查点是否位于量角器的直尺边（零直径）上。其偏差不得大于0.2mm，以检查测站点的平面位置；同时测算其高差以检查测站点的高程，允许差为1/5等高距，否则需查明原因后再采取相应措施加以改正。

(2) 迁站后，应选择部分原测地形特征点位置重新立尺（称打重合点），二次测得的平面位置差和高程差，不得大于规范规定的相应中误差的 $2\sqrt{2}$ 倍。

三、量角器的检查

量角器是展图的主要工具，它的质量直接影响成图的质量，因此应选用带圆心孔的半径大于10cm的测图专用量角器，并对它进行偏心差检查。

量角器偏心差的检查方法如下（见图8-13）：

图板上贴白纸，置量角器于纸上。过中心孔刺立一小针，沿量角器零直径画一细直线并于其一端取一点 a，再正对90°分划取一点 b（如图8-13）。将量角器转动180°，使零直径另一端对准 a，过 a 点再画一细直线，又正对90°分划取一点 b'。取下量角器，过 b 点和针孔 o 画一细直线。若过 a 点所画两直线重合，且 b' 点位于 bo 线上，则该量角器的偏心差可视之为零。若过 a 点所画两直线的另一端偏离 δ_1，而 b' 点偏离 bo 直线 δ_2，则该量角器的偏心差 Δ 为：

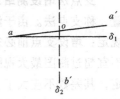

图 8-13　量角器
偏心差检查

$$\Delta = \frac{1}{2}\sqrt{\delta_1^2 + \delta_2^2}$$

Δ 大于0.2mm时，该量角器即不能满足使用要求。

四、注意事项

(1) 经纬仪的检校必须增加视距乘常数的测定，并要校正指标差使其接近于零。在测图过程中，还应注意检查指标差变动情况。若大于1′时，需及时校正。

(2) 经纬仪测绘法的观测与描绘是由两人作业，观测速度一般总是比展绘点快，这使描绘者往往忙于展绘而忽视对照碎部点的实地位置，这将给描绘带来困难，并容易连错点。因此，描绘者应特别注意要将图板方向放得与实地一致，且面向观测点展绘，以便与实地位置对照着描绘。如能随测随绘一些明显地物，如房屋、道路、池塘等，则对避免描绘错误有很大作用。

(3) 在图上测站点所立的小针，其粗细要与量角器中心孔大小相适应，既要使量角器能灵活转动，又不能留有空隙。刺立小针时，既要立得牢又不能刺得太深而使针孔过大。转动量角器时要轻而稳，勿使小针受力，以免摇晃小针而扩大针孔。在聚酯薄膜上刺个大孔将会使整张图报废。

（4）若图上定向点离测站点长度短于 10cm 时，则应以图上的正北（或正南）方向线定向。为此，先按定向点与测站点的坐标反算出定向线的坐标方位角，照准定向点后使水平度盘读数等于所算的方位角值，则度盘的零分划就位于坐标纵线的正北方向上。此时，在图上过测站点作坐标纵线的平行线，用此来代替原定向线定向。

（5）一次所测的点不宜太多，应边测边连，不清楚的，应到实地看一看再画。观测过程中应经常检查定向，其差值允许 4′。

（6）迁站前，必须检查所测地物有否遗漏，地物地貌描绘与实地是否相符，确认无误，才可清点物品后迁站。

（7）为了图的拼接，每幅图应测出图廓线外 5mm，图边线状地物若在图幅外附近有转弯点（或交叉点）时，则应测至图外的转弯点（或交叉点）；图边上具有轮廓的地物，若范围不太大时，则应完整地测绘其轮廓。否则，必须在图边测出图边地物轮廓线或中心线的方向线，以保证图边地物位置、形状的正确性。

五、增设测站点

在测图过程中，由于地形分布的复杂性，往往会发现图幅内现有的图根点还不够用，此时可以用支点法或图解交会法临时增设（加密）一些测站点。

支点法增设测站点：在现场选定要增设的测站点位置，用极坐标法测定其在图上的位置，称支点法。由于测站点是测定地形的依据，当然精度要求高于地物点，因此一般规范规定：增设支点前必须对仪器（经纬仪、平板仪、全站仪等）重新检查定向，支点的边长不宜超过测图最大视距的 2/3，亦不能超过定向边长。支点边长要进行往返丈量或两次测定，其差数不应大于 1/200。支点的高程，则可以根据已知高程的图根点，用水准仪或经纬仪视距法测定，其往返高差的较差不得超过 1/6 等高距。

支点测定后，还应在支点上照准其他已知点（或已测地物）作方向检核（如测站点位置检核）。若检核无误，方可作为测站点来施测附近的地物、地貌。

图解交会法增设测站点：与方向交会法测定地形特征点相仿，只是精度要求高些，在待设点必须树立照准标志或标尺，高程用图解距离及测定的垂直角求得。

此外，经纬仪测绘法还可用展点板（器）展绘碎部点，与用量角器展绘时的不同之处有：

（1）仪器定向时，用测站点到定向点的方位角值配度盘，这样，测得的水平度盘值即为测站点到碎部点的方位角值，便于计算坐标。

（2）计算器计算结果应是坐标和高程。

（3）点位是用展点器根据方格网线按坐标值展绘的。

第八节　电子速测仪测绘法

电子速测仪测绘法是近年来出现的一种测图新方法。

根据进行采集数据的仪器功能与设备配置不同又可分为以下几种组合：

全站仪采集方式：将全站仪采集的数据直接或通过电子手簿（仪器无内存或记录卡时）传输到计算机中，并形成相应的数据文件，以便进行数据处理、图形编辑。

该采集方式的突出优点是：自动化程度高；精度高；测量效率高；不需计算坐标，直接输出点位信息。

测距仪 + 电子经纬仪采集方式：该方式是将测距仪测得的距离与电子经纬仪测得的角度进行综合处理，计算出坐标等信息，通过外部设备，输入到计算机进行成图。若测距仪及电子经纬仪有相应的输出接口与电子手簿相连，则有关计算可自动进行。

随着各类全站仪的不断普及，地形测图数字化、自动化技术将会迅速发展而得到广泛应用。本节仅对数字化测图作一概念性的介绍。

全站仪 + 计算机辅助制图（CAM）测绘法，是用全站仪在野外迅速获取碎部点坐标等信息后，利用计算机辅助绘图技术进行绘图处理。

计算机辅助绘图减轻了测图人员的劳动强度，提高了绘图的精度与效率。另外，其更大的优点是便于建立数字地面模型和制作数字地图，为测绘产品应用提供了更广阔的空间。

全站仪 + 计算机辅助绘图测绘法的主要过程如下：

一、数据采集与编码

（一）野外采集的数据

大比例尺数字测图野外采集的数据包括：

一般数据，如测区代号、施测日期、小组编号和手簿记录序号等。

仪器数据，如仪器类型、仪器误差、测距仪加常数和乘常数、观测方式等。

测站数据，如测站点号、仪器高、观测时间等。

方向观测数据，如方向点号、目标的现标高、方向和天顶距及斜距的观测值等。

碎部点观测数据，如点号、连接点号、连接线型、地形要素分类码、计算的坐标和高程等。

控制点数据，如点号、类型、坐标和高程等。

（二）编码

为了记录和计算机处理数据方便，数据除数值外还应具有属性。编码就是用数字代码或英文字母代码按一定的格式来表示数据的属性。这样，对于野外采集的各种数据可以用一定格式的数字或数字与英文字母混合的字符串记录下来。不同的大比例尺数字测图系统，外业数据记录格式一般不相同。因此，外业采集数据最好采用系统提供的记录格式。如果格式不一致时，也可以进行格式的转换，以满足系统的要求。

1. 地形要素分类与编码

地形要素分类可参照《1:500 1:1000 1:2000 地形图图式》（GB/T 7929—1995），并结合大比例尺数字测图的特点制定，地形要素分为 10 类，包括：测量控制点；居民地；独立地物；道路及附属设施；管线；水系及附属设施；垣栅和境界；植被；地貌和土质；工矿企业建筑物和公共设施。

数据编码的方式很多，这主要取决于仪器设备、作业习惯及数据处理的方法。对于众多的编码方案，可以归纳为三种类型：全要素编码、提示性编码和块结构编码。

（1）全要素编码 这种编码方式要求对每个点都必须说明，即对每个点都能惟一、确切地标示出来。通常，全要素编码是由若干个十进制数组成。一般参考地形图图式的分类，将地形要素分类编码，如：1—测量控制点；2—居民地；3—独立地物；4—道路；5—管线垣栅；6—水系；7—境界；8—地貌；9—植被。然后，再在每一类中进行次分类，如居民地又分为：01一般房屋；02简单房屋等等。另外，再加上类序号（测区内同类地物的序号）、特征点序号（同一地物特征点连接序号）。

全要素编码的优点是各点的编码具有惟一性，因此易识别，也便于计算机处理；但编码层次多、位数多，故而难记忆；当同一地物不按顺序观测时，编码困难，计算机处理时，错漏码不便人工处理。

（2）提示性编码　提示性编码方式一般也是采用若干位十进制数组成，它分为两部分：一部分为几何相关性，由个位上数字0～9表示，如0表示孤立点、1表示与前一点连接、2表示与前一点不连接等；另一部分为类别属性，用十位上的数字0～9表示，如1表示水系、2表示道路等。提示性编码一般不扩展到百位。

提示性编码的优点是编码形式简明、操作灵活、记录简单，配合草图为人机对话方式图形编辑提供了方便。但编码信息不全、编辑工作量大。

（3）块结构编码　该编码方式适应于计算机自动采集数据。它一般参考地形图图式的分类，用三位整数将地形要素分类编码。如100代表测量控制点；105代表导线点；200代表居民地；202代表一般房屋（砖）。实际测量时，每个点除有观测值以外，同时还有点号、编码、连接点及连接线形。对于线形可以简单规定为：1—直线；2—曲线；3—弧线。

块结构编码的优点是编码可以重复，因为在现场测绘，不需要绘制草图。

2．连接线的编码

除独立地物外，线状地物和面状地物符号是由两个或更多的点连接后构成。对于同一种地物符号，连接线的形状也可以不同。例如房屋的轮廓线多数为直线段的连线，也有圆弧段。因此在点与点连接时，需要有连接线的编码。连接线分为直线段、圆弧段、圆和曲线四种，分别以1、2、3、4表示，称为连接线型码。为了使一个地物上的点由点记录按顺序自动连接起来，形成一个图块，需要给出连线的顺序码，例如用1表示开始，5表示中间，6表示结束。

二、数据处理与信息检索

对于内外业一体化测图的作业方式来说，数据处理是必不可少的。首先要对测图导线进行平差计算，求出各导线点的坐标，然后再求算各碎部点的坐标与高程。

输入图形信息码是数字测图外业数据采集的一项重要工作，如果只有碎部点的坐标，计算机处理时无法识辨碎部点是哪一种地形要素以及点之间的连接关系。

单点输入方式是按每个点记录分别输入，它可以在观测碎部点的同时输入，也可以根据草图测点号调出每一个点记录，输入它的图形信息码。

图块输入方式是先输入图块公共的图形信息码，然后按顺序依次输入点号以及各点之间不同的图形信息码，由程序将有关的图形信息码记录到相应的记录中。

在数据记录与输入时赋了属性后，信息检索就由绘图软件自动完成，生成相应的图形文件。

三、图形编辑

由于地形测图是一项非常细致与繁琐的工作，点属性及点之间的连接关系不可能全部描述到，所以需要进行图形编辑与处理。

图形编辑主要是对一些地物、地貌要素进行符号配置、分层处理，对错误的地方进行修改。另外还要进行增加注记、图廓整饰、检查等工作，最后生成正确的图形文件。

四、绘图

在图形编辑完成后，由绘图仪制出地形图，并打印出必要的计算结果。

第九节 地 物 测 绘

地物可分为居民地、独立地物、管线、垣栅、道路、水系、植被等不同类别，下面依次介绍其测绘要点。

一、居民地的测绘

居民地是重要的地形要素，主要由不同类型的建筑物所组成。就其形式说，有街区式（城市、集镇）、散列式（农村自然村）及窑洞、蒙古包等。

测绘居民地时，应实测房屋墙基外部轮廓，正确表示其结构形式，区分出内部的主要街巷、较大的场地和其他重要的地物。独立房屋还应逐个测绘。

当测绘较小的或散列式居民地时，由于多数为独立房屋，可以用布设在居民地附近的控制点做测站，按极坐极法并辅以距离交会法来测定其建筑物和其他地物。

当测定较大的居民地、集镇或密集的厂矿建筑设施时，这些地方的各种建筑物虽是各式各样，但其排列一般是较有规则的，且外部轮廓线直线居多，而转折角多为直角。图根控制可沿主要街巷布设经纬仪导线。测图时以导线点为测站，沿街巷先测定建筑物的主要外部轮廓点，确定其外围轮廓，然后对其凸凹部分转折点及其他地物（如围墙、广场等），丈量距离并绘详细草图，再依其转绘到图上。

至于居民地内部的小巷、庭院、场地、菜地等，应测定其边界轮廓，在轮廓内以相应符号表示。居民地内部根据实际情况，也可进行适当的综合取舍。居民地内其他重要独立地物仍应测绘，并按规定的符号表示。

二、独立地物的测绘

独立地物对于在应用地形图时判定方位、确定位置、指示目标等起着重要的作用，因此对某些具有明显特征可用做定向目标的地物（不一定是高大突出的地物）应着重表示。

独立地物应准确测定其位置。凡图上地物轮廓大于符号尺寸的，应依比例测其轮廓，并配上适当符号表示，如变电设备。若设备在房屋内的，应实测出房屋轮廓，在其中配置相应符号；露天的应测定其四周围墙或实际范围，以相应符号表示在中间（见表8-3变电站）。图上地物轮廓小于符号的，如属几何形状的地物，应测定其几何图形的中心点（如独立坟）；杆状地物（如照射灯，风车等）应测定其杆底部中心点。总之，测独立地物的中心位置，然后用相应的非比例符号表示，注意符号的定位点必须与测点重合。由于这类地物中心点一般无法立尺，所以，测方向时照准地物中心，以得到准确的方向；测距离时，可将标尺立在地物一侧距离相当的位置（即以测站为圆心、原距离为半径的圆弧上），这样才能测准位置。

三、管线及垣栅的测绘

管线包括地上、地下和架空的各种管道、电力线和通讯线等。地上和地下管道应测定其中心线上的交叉点和转折点，分别用依比例符号或半比例符号表示，并注写输送物予以说明，如"上水"、"下水"、"煤气"、"油"等。架空管道应测定其支架（柱）的实际位置，若支架过密，适当舍去一部分，但起、终、交点或转弯点等一定要测。电力线（包括高压线和低压线）、电讯线除临时性的或位于居民地内的，其他均要表示。电力线和通讯线应测定其分岔处及转折处的电杆（电线架或铁塔）的实际位置，以相应的杆、塔符号表示，并依线的方向标出箭头线。

垣栅包括城墙、围墙、栅栏、篱笆、铁丝网等，应按其中心线测定所有起、终、转折点的实际位置，再以相应符号表示。临时性的均不表示。

四、道路的测绘

道路有铁路、公路、简易公路（等外）、大车路、乡村路和小路等类别，包括道路的各种附属建筑物如车站、桥涵、路堤、信号机等，均应测绘在图上。

道路应视其宽度能否按比例表示来决定是测其中心线还是边线。若宽度不能依比例表示，则测道路中心线，用图式规定的线型符号表示，如小路、铁路；若宽度可依比例表示，且边界明显，可直接测边界线，再以相应的线型符号表示，如等级公路；若宽度可依比例，但边界不明显、宽度不一致，此时可测中心线，按平均宽度在中心点两侧取点，再用相应线型连出边界线，如大车路、等外公路。

测定带状地物时，特征点选择要恰当，直道部分取直线段的两端点立尺，长直线中间应增加立尺点，弯道处应视其弯曲程度，确定立尺点的位置和密度，以准确表示为原则，交叉处宽度不规则应增加立尺点。铁路两侧的路堑、路堤，应测其上或下边缘线后，按相应符号来表示，坡线均朝向低侧。铁路边的排水沟，一般均与铁路平行，只需量出铁路中心线至沟边的距离和沟宽，依比例或非比例符号表示。铁路两旁的附属建筑如信号机、路标等，均应测定其实际位置，以相应符号表示。

另外，公路还应注明技术等级代码及道路编号。高速公路代码为0，等级公路分1~4级，代码依次为1~4，等外公路代码为9。公路两旁的路堑、路堤以及附属建筑物，均应按实际位置测定，以相应符号表示。

大车路和乡村路符号均为虚实线。描绘时虚线靠西、北侧，实线在东南侧。道路密集地区，小路可根据实际情况适当取舍。

五、水系的测绘

水系包括河流、湖泊、运河、小溪、沟渠、池塘、水库、水井、沼泽以及附属的工程建筑物（如桥梁、输水槽、水闸、拦水坝）等，均应准确测定其轮廓位置。

水系的测绘方法与道路测绘大体类似。不同的是河流、湖泊、溪河、池塘、水库等，除测定其岸边线外，还应测定其水涯线（可以是测图时的水位线，也可以是常水位）及其高程。

当河流在图上的宽度小于0.5mm时，以单线表示。大于0.5mm时以双线表示。对于岸边线和水涯线的较小的弯曲和转折，可适当综合取舍。

水系有名称的，均要确切地注记；无名称的河，必须标流向；湖泊、池塘无名称的注写"塘"、"鱼"等字。

大型桥梁、输水槽、水闸、拦水坝等水工设施，应实测端点、宽度、墩的位置，用相应比例符号组合表示，并注明其建筑材料，有名称的应注写名称。

沟渠宽度在图上大于1mm时以双线按比例描绘。小于1mm的以单线表示（1:2000比例尺则以 0.5mm 为界限)。

土堤的比高在 0.5m 以上才表示。堤顶宽度、斜坡、堤基底宽度，应实际测定依比例表示，并注写堤顶高程。若堤顶宽在图上小于 1mm（1:2 000 比例尺为 0.5mm）或堤基底宽小于图上 2mm 时，则以土坎符号表示。

六、植被的测绘

植被是覆盖在地表面上的各类植物，如森林、果木、灌木、所有农作物、牧草等的总称。

测绘地表植被，应在某种植被外围轮廓线上的弯曲点和转折点立尺，测定其位置，依实地形状用地类界（点虚线）绘出面积轮廓，并在轮廓范围内配置相应的符号（如表 8-3 中的 5～12）。树林在图上的面积大于 25cm² 时，需注写树种。幼林和苗圃应注写"幼"、"苗"等字。旱地不分种植何种庄稼可综合表示；水田的边界均是田埂或梯田坎等，因此它的轮廓线为实线。

在同一地域生长有多类植物时，符号应配合表示。但不得超过三种。若超过时，可舍去经济价值不大或数量较少的植物。符号的配置应与实地植物的主次和疏密情况相适应。

植被的地类界与地面上有实物的线形符号（如道路、河流、垣栅等符号）重合时，地类界应省略不绘。若与地面上无实物的线形符号（如通讯线、等高线）重合时，则移位绘出地类界。

灌木林分大面积的灌木林、独立灌木丛、狭长灌木林等，均应测定其实际范围，分别以相应符号表示。行树测定其连线位置，然后等间距配置符号。

七、测量控制点的表示

各级测量控制点在图上必须精确表示。平面控制点是按坐标精确展绘到图上的，各控制点点位就是相应控制点符号的几何中心，并须注写点名和高程。控制点的名称和高程以分式表示，分子为点名或点号，分母为高程。分式一般注写在符号的右方。水准点位置是实测的。水准点以及与水准点连测的平面控制点的高程注到 0.001m，其他点高程只注写到 0.01m。

第十节 地 貌 的 测 绘

地貌测绘和地物测绘是同时进行的。一般来说，在一个测站工作时，应先测一些重要地物再测地貌，这样，地貌特征点位置测得正确与否就有了参照物，并可及早发现错误。地貌测绘实际就是测定足够数量的地貌特征点的平面位置和高程，然后描绘等高线以显示地面起伏形态。简言之，地貌测绘就是测绘等高线。

测绘等高线一般可分为三个步骤：先是测定地貌特征点，勾绘地性线以构成地貌骨架；再在各地性线上确定基本等高线的通过点（即等分内插）；然后连接相应各分点，勾绘出各等高线。

下面依次阐述其具体做法。

一、测定地貌特征点，以地性线构成地貌骨架

测定地貌特征点，首要的是认真观察和分析地形，恰当地选定立尺点。然后逐一测定立尺点并注记其高程，如图 8-14 所示。当图纸上有了一定数量的特征点后，应及时按实际情况，以轻淡的细实线和虚线，分别连接相应的特征点，勾绘出分水线和合水线，如图

8-15 所示。

这些地性线便构成了该处局部地貌的骨干线网,从而确定了基本的起伏形态。勾绘地性线最好是随测随连,因为点一多就容易连错。另外,所有地性线都是用以帮助勾绘等高线的,画好等高线后要将所画地性线全部擦去,因此切忌将地性线画得很深很浓,以免擦不净而影响图面清晰,留下无用的线条也极易给内业清绘造成错误。

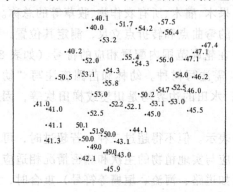

图 8-14 测定地貌特征点   图 8-15 以特征点构成地性线图

测定地貌特征点时,立尺点位一定要准确,决不能遗漏关键性的特征点,如鞍部最低点、山的最高点等,否则将无法正确显示地貌形状和走向。

二、确定地性线上等高线的通过点

图上有了地性线骨干网后,再确定各地性线上基本等高线通过的点位,然后才能依相邻两地性线上同高程的点来描绘等高线。

由于测绘地貌时,要求对地性线上明显的倾斜变换点都必须予以测定,所以,在图上同一地性线中的两相邻特征点之间地面,可以认为是等倾斜的。而在等倾斜地面同一直线上的各点之间,其高差与平距成正比。依此原理,即可确定等高线的通过点。如图 8-16,a、b 为图上某一地性线中相邻两点,其高程分别为 50.2m 和 54.3m。已知该图的等高距为 1m,则 a、b 之间应有高程为 51、52、53、54(m)的等高线通过。因为 ab 相应之地面线 AB 可看做等倾斜的直线(如图 8-16(b)所示),所以 AB 线上高程为 51、52、53、54(m)的 C、D、E、F 点在图上 ab 线中相应位置 c、d、e、f 点可按相似三角形关系确定。设量得图上 ab 长为 13mm,又知 A、B 两点高差为 54.3 − 50.2 = 4.1m。故可得

$$ac = \frac{ab \times Cc}{Bb} = \frac{13 \times 0.8}{4.1} = 2.5\text{mm}$$

$$fb = \frac{ab \times BP}{Bb} = \frac{13 \times 0.3}{4.1} = 1.0\text{mm}$$

在 ab 线上,分别从 a 和 b 点量取 2.5、1.0(mm),即得 c、f 点(图 8-16(a))。c、f 点就是高程为 51、54(m)的等高线在 ab 地性线上的通过点。

同理可得

$$cd = de = ef = \frac{13 \times 1}{4.1} = 3.2\text{mm}$$

依此将 cf 三等分,所得分点 d、e 即 52、53(m)的等高线通过点。这就是所谓的等分内插法。

上述仅用以说明等分内插等高线的原理。在实际工作中，由于描绘等高线本身容许有一定误差，并且两相邻点间的距离较近，地面也只能是近似的等倾斜，所以精确计算等高线通过点位置并无多大实际意义。因此，采用目估内插等高线就可以了。具体做法是：可先心算两点间首、末两基本等高线通过点位置，如上例中确定 51m 的等高线通过点 c，则心算 $51-50.2=0.8$、$\dfrac{0.8}{4.1}\approx\dfrac{1}{5}$，得 c 离 a 为 $\dfrac{1}{5}ab$，再目估五等分 ab 以确定 c。再同法确定 54m 的等高线通过点 f（$bf=\dfrac{0.3}{4.1}\approx\dfrac{1}{14}ab\approx\dfrac{1}{3}ac$）。然后在 c、f 两点间，目估三等分内插 52、53（m）两等高线的通过点。

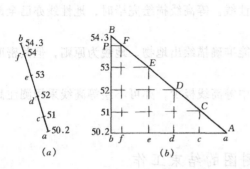

图 8-16　按比例确定等高线通过点

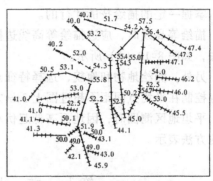

图 8-17　各地性线上等高线的通过点

　　按照上述方法将各地性线上的通过点全部确定后，即可依之描绘等高线。图 8-17 就是图 8-15 中各地性线上所确定的等高线通过点的情况。

　　在确定等高线通过点的作业（简称分等高线）时，初学者应特别注意要用轻淡的细短线表示通过点位置，切忌用硬笔尖点上很深的、擦不净的点子来表示通过点。否则将留下一行行点痕会使清绘人员误解。

三、对照实地形状描绘等高线

　　描绘等高线就是要用与实地形状相似的曲线逼真地表现地貌形态，并尽可能使其显现出立体感。为此，在连接相应通过点描绘等高线时，要边看边画，认真对照实地形状。由于受风化和雨水冲刷，一般的地表面总是光滑的，并且坡度变化、山坡转弯等处也都是有渐变过程。所以，描绘一般地面的等高线时都应该用平滑的曲线，而不应画成曲折的、带

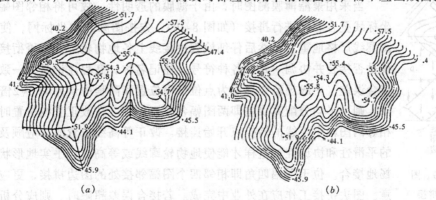

图 8-18　以等高线描绘的局部地貌

有折角的线条。同时，还要注意上、下等高线形状的渐变性。例如，在山坡上相距较小的两相邻等高线之间，不应出现腰鼓形或双曲线形等突变现象。测绘中注意了山坡上、下等高线形状的协调，就可使地形具有一定的立体感。

图 8-18（b）是在图 8-18（a）基础上描绘等高线的结果，从其中（a）图可见到由地性线构成地貌骨架而确定总貌的作用。同时也可看出，每一条等高线上所经过的通过点总是少量的，并没有也不可能把所有同高点的迹线确定出来。因此，在连接相邻两地性线上同高点时，就不能简单地随意连接，而必须观察、对照实地相应位置的形状，以相似弯曲度的平滑曲线连接。当然，要能得心应手地画出平滑且均匀一致的曲线，是需要积累经验、掌握一定的描绘技能才行的。

描绘等高线时，应边描绘等高线边擦去地性线。等高线描绘完毕时，地性线亦已全部擦去，如图 8-18（b）所示。

另外，测绘地物和地貌，选择特征点应以能准确描绘出地物、地貌为原则，但其密度亦应控制在平均点间距不超过图上 3cm 左右。

平坦地区测图时，因地面高低起伏小，图中等高线极少，亦可不绘等高线采用测注高程的方法表示。

第十一节 地形测图的结束工作

地形测图的结束工作包括原图的拼接、整饰和检查验收。

一、原图的拼接

一个地区内的地形图是分幅施测的，所以要求各相邻图幅必须能相互拼接成一个整体，亦即相邻图幅公共图边上所有的地物、地貌（等高线及高程注记）能互相衔接。由于测图中不可避免地存在着误差，因此图廓边上的地物轮廓和等高线等，在拼接时不可能都吻合（见图 8-19），其偏差叫做接合误差。如该接合误差在容许范围内，就认为接合基本合格，可在室内处理这种误差。

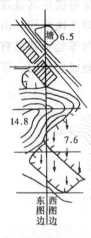

为了保证相邻图幅的拼接，在建立图根控制时，就应在图边附近布设一定数量的图根点，并使之能成为相邻图幅的公共测站点。因为图根点靠近图边可以保证图边测图的精度，而有公共测站施测，则有利于接边工作。

当采用聚酯薄膜测图时，由于薄膜的透明性，故可将相邻图幅直接按坐标线叠合起来进行拼接（如图 8-19）：先按图廓点和坐标网，使拼接的图廓线严格地重合；然后仔细检查拼接线上各地物轮廓线是否衔接；等高线是否接合并协调一致；各种符号、注记名称、高程注记是否一致等。若接合误差（一般规范中规定为点位平面位置和高程中误差的 $2\sqrt{2}$ 倍）不超限，则可平均分配其误差即两图幅各改正一半。在改正直线位置时，应按

图 8-19 图边的拼接

相邻两图幅中直线的转折点开始连接。改正等高线位置时，应顾及连接后的平滑性和协调性。这样才能使地物轮廓线或等高线合乎实地形状自然流畅地接合。位于图幅四角即相邻四个图幅邻接处的图边拼接，更应特别注意。图边拼接工作应在外业中完成。若接合误差超限时，则应分析原因并到相应超限位置进行实地检查改正或重测。

如果采用非透明纸测图（包括像片图），则需蒙绘接图边进行图边拼接。一般规定每幅图各自将本图幅的东、南两图廓边内 1～1.5cm 范围中的坐标线（注上坐标）、控制点、地物、等高线以及高程注记等，用宽为 10cm 的透明纸条蒙绘下来。然后交给相邻图幅的作业组，绘出该图幅相应图边上的内容，如图 8-19 所示。然后如上述方法进行拼接，并对不超限的误差在接图边上进行处理后，再依其改正原图。

二、原图的铅笔整饰

各图幅经拼接后，可进行原图的铅笔整饰。所谓整饰就是进行整理和修饰。将适当硬度（2H、3H）的铅笔削尖，用橡皮擦去图上不应保留的所有点、线（但应保留碎部点高程以供清绘参考），按图式和有关规定，重新描绘各种符号和注记（要边擦边画，线条不要过粗）。地物轮廓和等高线应明晰清楚，并与实测线位严格一致，不能随意变动。各种数字注记（除等高线高程外）字头均向北。居民地、河流、道路、山岭等的文字注记位置应选择适当，尽量不要遮盖地物。其次按图式规定进行内、外图廓的整饰。应画出内、外图廓，坐标网线、四角坐标注记，邻接图表。并按规定位置注写：图名和图号，测图采用的坐标系和高程系，基本等高距，测图比例尺，测绘单位名称，作业员和检查员的姓名等。整饰的步骤可按测量控制点、注记、独立地物、房屋、道路、管线、水系、植被、等高线的次序进行，最后是图外整饰。因是铅笔原图，故植被符号可象征性地配置，如每块地内绘一、两个。

三、原图的检查验收

任何测量成果，如未经检查验收，则不能认为是最后的成果。为了保证成图的质量，在测图过程中，作业组应经常进行自我检查。每一测站开始测图前，应从相邻测站已测的范围边上，选择几个特征点（这叫重合点）重新测定以检查其精度。测重合点还有利于测站间的衔接，并能检核测站点本身的可靠性。一个测站的工作结束时，必须检查有无错误和遗漏。在迁移测站过程中，沿途应作一般性巡视检查，观察图上地物地貌测绘是否正确，有无遗漏。测图结束后，作业小组还应作全面系统的检查。除以上作业小组的自我检查外，成果还须呈交上级业务单位，上级业务单位要派专人进行全面的检查验收，并对成果、成图质量作出评定。

（一）室内检查

1. 观测和计算资料的检查

各种观测资料是否齐全，手簿的记载和计算是否正确，有无涂改情况，是否超限。在计算手簿中，各项计算是否清楚、正确。对各种观测和计算资料视具体情况应作全面检查或重点检查。

2. 地形原图的检查

查看地形原图铅笔整饰（包括图廓内外）是否合乎要求。图根点和埋石点数量是否满足测图需要，等高线描绘是否合理且与地形点高程是否相应，高程注记点数量是否合乎要求，综合取舍是否合理，各种符号、注记及说明文字是否齐全、确切等等。可在原图上覆盖一张透明纸，将检查中发现的错误和有疑问之处一一用红笔圈出，加以编号并作出检查记录。在室内检查基础上再进行野外检查。

（二）野外检查

1. 巡视检查

巡视检查可以全面了解成图质量和发现室内检查所不能发现的问题。由检查人员携带测图板在图幅范围内沿预定的路线巡视观察，将原图上的地形与实地对照比较，查看地物轮廓是否相似，地貌显示是否真实，综合取舍是否合理，有否遗漏，符号运用是否恰当以及名称注记是否正确等。

2. 仪器检查

对图上某些室内查出有怀疑的地方或重点部分可以进行仪器检查。检查一般采用散点法和方向法，在选定的控制点上设置测站，于四周选择若干立尺点，测定其平面位置和高程，看其与原来测定的平面位置和高程是否相符。同时还可用仪器照准某些远近不同的突出目标，检查其平面位置是否正确。对于检查中所发现的错误及不合理的地方，应尽可能在实地对照改正。

检查结束后，应对测定的各项误差进行统计，各项误差应不超过规定的限差。各种观测和计算资料以及地形原图经全面检查认为符合要求后，应按检查记录、统计资料评定其质量等级，予以验收。如果检查结果，超限误差的比例超过规定，或是发现成果中存在较大的问题，则上级业务单位可暂不验收，应将成果退回作业组，进行修测或重测。

（三）测图结束后应上交的资料

验收时应呈交下列资料：控制测量部分有各级控制网展绘略图（包括图幅划分和水准路线）、外业观测手簿、装订成册的计算资料、平面和高程控制点成果表（包括抄录的成果表）；地形测图部分包括铅笔整饰的地形原图、地形测量手簿、接图边、接合表以及技术总结等。

思 考 题

1. 地形图为什么要进行分幅和编号？什么是梯形分幅和矩形分幅？试比较其特点。

2. 地物符号有几类？各有什么特点？举例说明。

3. 地形图上用等高线表示地貌有什么优缺点？

4. 什么是等高线？有几种类型？等高线有哪些特性？

5. 何谓等高距？在同一幅图上等高距、等高线平距与地面坡度三者之间的关系如何？

6. 地形测图有哪些准备工作？控制点展绘后怎样检查其正确性？

7. 测定地形特征点的常用方法有哪几种？一般说各种方法相应地适用于什么情况？

8. 简述经纬仪测绘法在一个测站测绘地形图的工作步骤？

9. 试述地形测图有哪些结束工作？

习 题

1. 已知我国某地经度为 115°30′13″，纬度为 40°18′51″，求该地所在的 1:5000 梯形图幅的编号。

2. 已知某图幅的编号为 K49 G 038038，试求该图幅四个图廓点的经纬度。

3. 按表 8-6 中的数据，计算各碎部点的水平距离和高程。

4. 根据图 8-20 的地形点描绘等高线（高程数字的小数点即地形点点位；两点之间实线代表分水线，虚线代表合水线，等高距为 1m）。

碎 部 测 量 手 簿

表 8-6

测站点：*M*　　定向点：*N*　　测站高程：16.51m　　仪器高：1.48m　　指标差：0′　照准高2.0m

点号	视距 *kl* （m）	水平角 （° ′）	竖盘读数 （° ′）	平距 （m）	高程 （m）	备 注
1	55.3	55　18	83　36			
2	99.7	108　24	74　56			
3	32.4	247　15	93　45			
4	67.5	261　35	91　23			

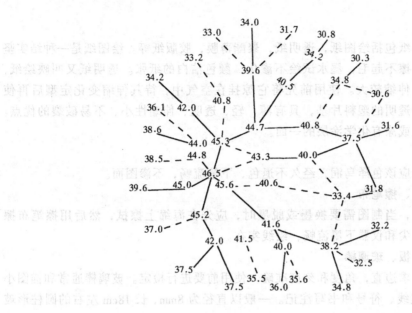

图 8-20

第九章 地 形 绘 图

第一节 绘图材料、工具

一、纸

地形绘图所用的纸包括绘图纸，透明纸，聚酯薄膜，胶版纸等。绘图纸是一种结实坚韧，伸缩性小，橡皮擦不起毛，墨水试绘不渗化，颜色洁白的纸张。透明纸又叫映绘纸，这类纸遇潮易变形，伸缩较大。使用前先将它晾挂在空气中，待其伸缩变化定型后再使用。聚酯薄膜是一种透明的塑料片基，具有薄、轻、透明、伸缩性小、不易破裂的优点。绘图时选用经过打毛或涂有化学涂层的一面。

二、墨汁

描绘地图的墨汁应该色泽乌润，经久不退色，下笔流畅，不渗图面。

三、水盂、海绵、擦笔布

海绵放在水盂里，当制图需要换墨或脱墨时，应先在海绵上擦拭，然后用擦笔布擦拭。这样就能保证笔尖和仪器下墨流畅，绘线实在。

四、直尺、三角板、玻璃棒

直尺、三角板要求边直，角度和刻度准确。使用前要进行检定。玻璃棒通常和描图小钢笔配合使用画短直线、符号和书写注记。一般以直径为 8mm、长 18cm 左右的圆柱形玻璃棒为适用。

五、铅笔、橡皮

绘图铅笔都标有表示其软硬性质的标记。"H"表示硬，"B"表示软。铅笔的选用要根据图纸而定。一般在绘图纸上选用 3H～4H 铅笔；在聚酯胶片上选用 4H～5H 铅笔。橡皮分为软、硬和两用橡皮三种。软橡皮用于整洁图面和擦除铅笔线，硬橡皮用于擦去墨线。

六、绘图小钢笔

绘图小钢笔常用于绘短直线、曲线、符号和书写注记。它由笔杆和小笔尖组成。小笔尖的两钢片要薄，而且要求其长短、宽窄、厚度一致，并且形状对称，不前后错开。如图9-1。小笔尖在使用前要进行检查、试绘，不符合上述要求者要经修磨后方可使用。

图 9-1　绘图小钢笔

七、直线笔

直线笔由笔杆、头和调节螺丝组成，专用于依靠直尺或三角板绘长直线。如图 9-2。一支良好的直线笔应是：笔头牢固地固定在杆上。内片坚实，外片富有弹性。两钢片尖端要薄且呈半椭圆形。旋转调节螺丝，两片间隙可扩大也可合拢，合拢后笔尖端与纸面接触应为一点。直线笔在使用前也要进行检查试绘和修磨。

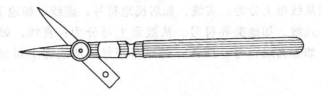

图 9-2　直线笔

八、单、双曲线笔

单曲线笔用于绘等高线、水涯线、单线路等，其优点是绘线圆滑，粗细一致，作业效率高。单曲线笔由带轴笔头、套管和两组螺丝组成。如图 9-3。其结构上要求轴杆圆滑平直，和笔头在同一轴线上；两笔头钢质坚硬，富有弹性，弧度适中，且形状对称，宽度、厚度一致。双曲线笔用于绘制平行曲线。其构造和性能与单曲线笔基本相同，不同之处就在于它由两个相互平行的笔头组成，两个笔头之间装有调节平行线间隔的微动螺丝。曲线笔在使用前也需要进行检查和修磨。

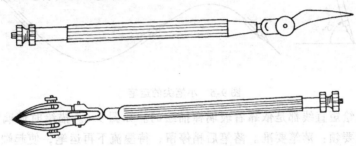

图 9-3　单、双曲线笔

九、小圆规

小圆规用以描绘各种小圆和以圆组成的符号，由带帽轴针，随轴针升降转动的套管，以及笔头和调节螺丝组成。如图 9-4。绘图小圆规必须是轴针笔直，在套筒内不晃动，尖端与笔头的中央对正，笔头符合绘制直线的要求，能绘出直径 0.5mm 以上、线粗 0.1mm 不偏心的小圆。

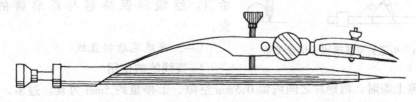

图 9-4　小圆规

第 二 节 　地 形 图 上 的 线

地形图表示各种复杂的地物与地貌是通过特有的符号系统——包括符号、色彩、文字和数字所构成的地图语言来实现的。其中符号大多是由各种线条组成，所以掌握各类线的绘制是地形绘图的基本功。

地形图上的线从线型上分为：实线，如居民地符号；虚线，如地下管线符号；点划线，如境界符号；点线，如地类界符号。从线形上可分为：直线，如各类道路（直线段）符号；曲线，如等高线符号；圆弧，如风车符号。从线宽上可分为粗、中、细不等。

一、直线绘制

（一）绘图小钢笔绘制直线

绘图笔的握笔姿势与普通钢笔相同。用右手拇指、食指、中指握住笔杆的下部，无名指与小指依次与中指靠拢，使笔稳固地握在手中，但勿握成拳。绘线时，笔与纸面的倾角大约成75°左右，运笔时走正锋，使笔尖两钢片端点均匀地接触纸面，这样才能下笔流畅，绘线光滑，粗细均匀。如图9-5。

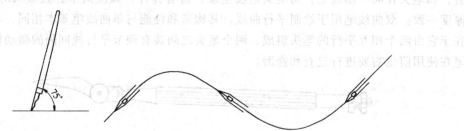

图9-5　小笔尖的运笔

绘图小钢笔绘短直线都是依靠着玻璃棒描绘的。如图9-6。描绘时玻璃棒不要来回移动或滚动。绘线要领：落笔要准。落笔后稍停留，待墨流下再运笔，使起端整齐。运笔速度一致，用力均匀，笔杆倾角不变，使线划均匀一致。提笔要稳，笔到终点稍停留，垂直提起，使末端整齐。

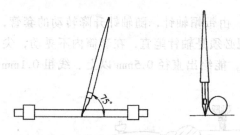

图9-6　小笔尖与玻璃棒的位置关系

绘平行线时，要平稳地滚动玻璃棒，而不能移动玻璃棒，以保证玻璃棒（亦即所绘线条）的平行性不变。滚动的间隔通过目测确定。在每绘一端前，笔尖悬空试绘一次，以确定其间隔是否恰当。绘线时保持笔与玻璃棒的关系不变。

（二）直线笔绘制直线

1.直线笔的使用

直线笔上墨时，两钢片之间约留0.5mm空隙，上墨量约5mm为宜。过多，墨汁易溢出，过少，不能一次绘完一条直线。绘图前按粗细规格调整调节螺丝，并在与图纸相同的绘图纸上试绘，符合要求后再在正式图纸上描绘。

握笔姿势：用右手拇指、食指和中指握住笔杆与笔头连接处上部，无名指、小指依次靠拢，起稳定笔杆和控制压力作用。笔杆在纸面的垂面上，与画线方向成75°～80°度倾角。

2.直线笔绘线常见的问题

（1）直线笔靠尺太紧或绘线时用力不匀，易产生线划粗细不一或尺边沾墨弄脏图纸。

（2）笔头与纸面不垂直，向两侧（向内或向外）倾斜，两钢片不能同时接触纸面，会使线划发虚、发毛。

（3）绘线时笔杆方向不一，线条不直。

（4）上墨过多或笔头内侧面有墨，容易沿直尺流下弄脏图纸，上墨不足或墨汁太浓，绘线时容易使线划中断或粗细不匀。

二、曲线绘制

（一）绘图小钢笔绘曲线

小钢笔绘曲线的基本动作有四点：落笔、运笔、提笔和接头。落笔和提笔的要领与绘直线基本相同，应着重掌握好运笔与接头的方法。

1. 运笔

运笔时应保持笔锋与绘线方向一致，要根据曲线的不同方向而变换不同的运笔方向和握笔方法。如图9-7中，1、2为普通握笔方法，3、4为握毛笔方法。绘线时根据曲线方向可以分段描绘，对方向大致相同的曲线，可以分组描绘。在绘制逐渐变粗的线条时，要由轻到重，逐渐增加手指压力，所绘线条才能由细到粗。

2. 接头

接头位置一般选在曲线弯曲顶点两侧。接头时提笔要稳、准、不跑线，避免出现折角和交叉现象。

（二）曲线笔绘曲线

用单曲线笔绘图要注意握笔姿势、落笔动作、运笔速度、接头方法、提笔方向等几个方面。握笔时保持笔杆垂直图面，用拇指、食指和中指握笔，无名指和手腕接触纸面，以控制笔杆的高度和调节压力。以肘关节为依托，用手腕和手臂推

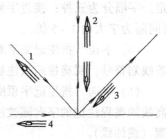

图9-7 曲线方向与运笔方向

动笔杆带动笔头沿曲线方向移动。落笔时，笔头弯曲方向与绘线方向要一致，并保持笔杆垂直、稳准地落在线上。运笔时，笔杆垂直于纸面，从左到右运笔。眼睛注视笔头运笔前进方向5mm左右，这样能做到心中有数，使所绘线不跑线。提笔时要保持笔头的描绘方向，稳定地、干净利索地垂直提笔。

接头应选择在曲线转弯附近，接头处落笔必须做到"准、稳"，才能使线划连接一致，曲线光滑，不会产生结点。

使用双曲线笔的要领与单曲线笔基本相同，只是握笔应尽量靠下些，运笔时注意笔杆垂直，对准中心线。

第三节 地形图注记

一、地形图注记的意义和分类

地形图上除了用各种符号表示不同内容外，还必须用文字、数字来说明它们的名称、性质和数量，此种文字和数字称为注记。

地形图上的注记分为三类：名称注记、说明注记、数字注记。

名称注记是指被注符号的名称，如南京市、长江、紫金山等。

说明注记是对地物符号性质的说明，如松柏（树种）、煤、油等。

数字注记是用来表明地面物体数量特征，如高程、水深、河宽、桥长、流速等数字注记。

注记是地形图的主要内容之一，它弥补了地形符号的不足，同时又提高了地形图的易读性和使用价值。

二、地形图注记的配置

（一）注记要素

地形图注记的格式由字体、字大、字隔、字向、字列等要素决定，它们总称为注记要素。

（1）字体　地形图上采用的字体主要有等线体、宋体、仿宋体等。从字形上又可以分为直立（正方、长方、扁方）和倾斜（左斜、右斜、耸肩）两种。不同的字体表达不同的地物，如用正等线体汉字表示城镇型居民地，用耸肩等线体汉字表示山脉，用右斜等线体汉字表示大型水系名称等。

（2）字大　指注记字体的高或宽。长方形、耸肩字以字格高为准，扁形和斜体字以字格宽为准。注记大小可区分被注物体的主次，使之层次分明，便于阅读和使用。

（3）字隔　指同一组注记各字间的间隔，一般根据被注记符号的面积大小或长短而定。字隔分为三种：接近字隔（间隔 0～0.5mm），普通字隔（间隔 1～3mm），隔离字隔（间隔为字大的 1～5 倍）。

（4）字位　指注记文字或数字相对于被说明要素的位置。注记字位的配置应尽量少压盖线划符号，明确指示被注物体，且字顺要适应读者习惯。

（5）字向　指注记字顶所朝的方向。地形图上公路的路宽、双线河的河宽及流速、等高线的高程注记的字向随被注符号方向的变化而变化，其他注记的字格边垂直或平行于图廓（或纬线）。

（6）字列　指同一组注记中各字中心连线的排列形式。依被注记符号的形状与分布情况，有水平字列、垂直字列、雁行字列、屈曲字列四种。如表 9-1。

（二）注记配置

地形图上的注记要求与被注记的物体的位置关系密切，避免遮断重要物体，而且要主次分明，美观易读。具体配置要领如表 9-2。

表 9-1

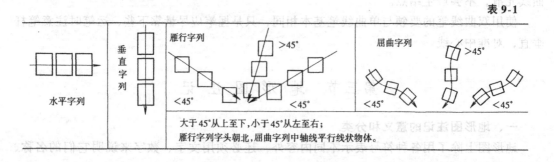

表 9-2

	物体类型	字位	字列	字隔	字向	示例
点状物体	物体在图上面积较小，如居民地、控制点、山峰等		多用水平字列，个别用垂直字列	接近字隔	直立字向	
线状物体	物体在图上呈线状，如道路、河流等	1. 紧挨物体 2. 物体较长时，可分段重复注记	多用雁行字列，弯曲多变时用屈曲字列	隔离字隔	当字需与线状符号平行配置时应避免倒置字向	
面状物体	物体在图上面积较大，如湖、海、山脉等	1. 布于物体主部之中央 2. 面积较大时，可分片重复注记	多用雁行字列，个别用屈曲字列	隔离字隔	直立字向	

第四节　地形图符号

一、地形图符号的意义和分类

（一）地形图符号的意义

现代地形图都是对地面上各种复杂的事物和现象进行归纳和抽象，用特定的符号系统来表达各项内容的。地形图符号不仅能精确反映地面上有使用价值的物体位置、形状、大小、性质及相互关系，而且能精确判定物体的方位和测量它的长度、面积和高低。地形图符号一般和注记配合使用，才能清晰准确的表达地形图的内容。

（二）地形图符号的分类

地形图的符号包括表示地物的地物符号和表示地貌的地貌符号。

现代地形图符号为数众多，从符号的制定方法和符号所反映的地面物体的性质等方面可以进行多种分类。前面第八章中已对地形符号作了一些介绍，这里再作一些补充叙述。

1. 按地面物体的性质分类

（1）测量控制点符号，如三角点、水准点等符号。

（2）居民地符号，如一般房屋、窑洞等符号。

（3）独立地物符号，如烟囱、水塔等符号。

（4）管线、垣栅符号，如通信线、围墙等符号。

（5）境界符号，如国界、省界等符号。

（6）道路符号，如铁路、公路等符号。

（7）水系符号，如河流、水库等符号。

（8）地貌、土质符号，如等高线、陡崖等符号。

（9）植被符号，如果园、稻田等符号。

（10）注记，包括各类名称注记、数字注记等。

2．按符号与实物的比例关系分类（见第八章）

3．按地物符号的图形特征分类

（1）正形符号，如居民地、道路符号等。

（2）侧形符号，如宝塔、庙宇符号等。

（3）象形符号，如风车、水轮泵符号等。

二、地形图图式

地形图图式是由国家测绘部门根据国民经济建设各部门的共性要求统一制定，国家标准局统一发布，作为经济建设、教学、科研中测绘和应用地形图的依据。为了适应社会的发展，地形图图式经过一段时间就要修订，用图时需要注意其图式版本。

（一）图式的基本内容

总则——叙述符号制定和使用的基本规则。

符号——包括各类符号的名称、符号和简要说明。是对符号图形、规格、用法的规定。

注记——对各类文字和数字注记要素的规定和说明。

附录——对各类符号使用、图廓整饰等内容的示例说明。

（二）图式的一般规定

1．符号的尺寸

图式中标注符号尺寸和线粗的数字均以毫米为单位。

2．符号的定位点和定位线（见第八章）

3．符号的方向和符号的配置

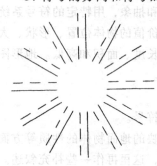

独立地物符号除简要说明中规定按实际方向描绘者外，其余均垂直南图廓。面积符号内的填绘符号要垂直于南图廓，其配置形式按相应图式执行。按虚实线表示的符号，如大车路、乡村路符号，按光影法则，如图9-8，虚线绘在光辉部，实线绘在暗影部。各符号间在配置时间距不应小于0.3mm，必要时可以缩小、移位符号来进行配置。线状符号还可以采用共线描绘。

图9-8　光影法则

三、地形图符号的使用

地形图符号的使用要求准确、规范。要处理好符号间的主次关系以及符号配合使用时的留空、相接、共线、移位、会意的关系原则。有关地形图符号的使用在地形图图式上已有详尽的规定，在此仅强调以下几点。

（1）测量控制点符号和独立地物符号与其他符号轮廓接触时，应间断或位移其他符号，两者之间应留0.2mm的间隔。

（2）水系的水涯线、流向等各要素表示要完整。水系之间不得共线。

（3）道路进居民地时如需中断，则道路与街道或房屋连接处应留0.2mm的空白。当铁路与铁路、公路相交时，高级路符号贯通，低级路符号中断并与高级路边线相接。公路与公路平面相交，要相互间断，彼此相邻边线连接。

（4）境界如以线状地物为界，不能在线状地物符号中心绘出时，可沿两侧每隔3～5cm交错绘出3～4节符号。

（5）等高线表达地貌时，计曲线、示坡线、高程注记表达要完整。等高线遇到冲沟时，在冲沟边缘应向高处翘起，以显示冲沟凹入的特征。同一条等高线在陡崖符号上、下要错开，以显示地形的变化。

（6）在配置植被符号时，在同一地段如有多种植被混生，只选择主要的两三种，按实地情况配合表示。

正确、规范使用地形符号是地形图测绘质量的基本保证，所以熟悉地形图图式也是地形测绘的基本要求。

第五节　铅笔原图的整饰、清绘及航测像片图着墨

铅笔原图一般是指由外业测量直接得到的地形原图。铅笔原图的整饰必须在外业中实时、实地完成，这样才易于发现问题，及时处理。

整饰后的铅笔原图要求图面干净整洁，各项精度符合规定，无错测、漏测现象，图面表达无矛盾，线划清晰，符号运用正确，注记选择合理。这样才能为后续的清绘工作提供便利。

清绘的目的是为地图制印提供出版原图。由于受一定条件的限制，铅笔原图在符号规格、绘图质量、整饰内容、各类注记及各符号之间的关系等方面不可能完全符合图式的规格和制印工作的要求。因此，对铅笔原图必须进行清绘着墨，以获得符号规格准确，各要素关系合理，注记布置恰当，字体符合规范，精确、清晰、美观的清绘原图。

清绘之前首先学习图式和规范，熟悉原图及有关资料，并检查原图质量，其次就是制定具体的作业计划。

铅笔原图清绘的一般程序包括绘内图廓、绘控制点及独立地物，绘水系及其附属物，绘居民地，绘道路及其附属设施，绘境界、管线、垣栅符号，绘植被、地貌与土质符号以及图面整饰、抄接边等内容。

在聚酯薄膜上进行铅笔原图清绘时，首先要用洗衣粉或碱水去油去污，着墨之后还须涂刷一层保护胶液，以防止墨线脱落。

航测外业调绘的像片，应当及时着墨，以保证像片上的铅笔符号和注记清晰完整。着墨前先用脱脂棉蘸去污粉轻轻擦去浮在像片表面的油污和灰尘。绘图的笔尖要求细而光滑、下墨流畅。着墨时避免用力压笔尖，以免刮破胶层，损坏图面美观。墨汁不宜太稠，而且在空气湿度大时必须在墨汁干后再作后继作业。若有个别绘错时只能用牙签卷上脱脂棉蘸上少量清水小心擦拭。着墨的线条要求均匀光滑，而且不错、不漏、不跑线。

第十章　地形图的应用

第一节　概　述

一、地形图的主要用途

地形图是具有丰富地形信息量的载体，它不仅包含有自然地理要素，还包含有社会、经济等人文地理要素。地形图具有可量测性，图上任意一点的三维坐标（平面坐标和高程）都可在图上直接获得，它是编纂其他各种地图，如行政区划图、交通图及各类专业图的基本依据。

无论是进行国土整治、资源勘查、城乡规划、土地利用、环境保护，还是工程设计、矿藏采掘、河道整理、军事指挥、武器发射时，均需要从地形图上获取地貌、居民点、水系、交通、管线及农、林等多方面的信息，作为决策和实施的依据。因此，地形图是解决经济、国防建设的各类工程设计和施工问题必不可少的基础资料。

地形图的用途十分广泛，例如，在地形图上可以直接确定点的概略坐标、点与点之间的距离、直线间夹角、直线的方位、点的高程和点间高差；也可以在图上勾绘出集水线、分水线，标志出洪水线、淹没线，切绘断面图，从而计算出面积和体积，以确定田地亩数、土石方量、蓄水量、矿产储量等；还可以从图上了解到各种地物、地类、地貌等的分布情况，计算诸如村庄、树林、农田、园田等数据，获得房屋的数量、质量、楼层数等资料，研究通视地区和隐蔽范围，决定架空和地下管线、隧道、隧洞、人防工程的位置、埋深等设计对象的施工数据。利用地形图做底图结合各类资料可以编绘出一系列专题图，如地质图、水文图、农田水利规划图、建筑物总平面图等，供各行各业使用。

二、地形图的识读

(一) 一般性识读

首先了解这幅图的图名、编号，图的比例尺，采用的坐标系统、高程系统，以确定图所在的位置和实地范围。

对于比例尺为 1:10000 或小于 1:10000 的地形图，通常采用国家统一规定的高斯平面直角坐标系。城市地形图一般采用该城市的坐标系。工程建设用图也有用工矿企业独立坐标系的。工程项目总平面图则都采用施工坐标系。

对于高程系统，自 1956 年起，我国统一规定以黄海平均海水面作为高程起算面，建立了 1956 年黄海高程系，所以绝大多数地形图的高程都是属于这个高程系统的。自 1987 年起我国启用"1985 年国家高程基准"替代了黄海高程系，为今后施测地形图的高程系统。但也有若干老的地形图和有关资料，使用的是其他高程系或假定高程系，必须加以区别。通常，地形图所使用的高程系统，均于地形图左下角用文字注明，用图时应加以注意。

地形图反映的是测绘时的现状，因此要知道图纸的施测时间。对于图纸上未能反映的地面上的新变化，应根据需要组织力量予以修测与补测。另一方面还要确定图纸的类别，弄清是基本图还是工程专用图，是详测图还是简测图。通常基本图要比工程专用图精度高，内容广，但工程专用图却具有突出该工程所需要地形要素的特点。如果使用的是复制图，则要注意图纸的变形。

（二）地物识读

首先要知道被识读的地形图使用的图式。在熟悉一些常用地形符号的基础上，进一步了解图上符号和注记的确切含义，根据这些来了解地物的分布情况，如村庄数量、大小；公路等级、走向；河流分布及流向；地面植被、农田、园林的分布和范围等。

（三）地貌识读

在正确理解等高线特性和典型地貌的等高线形态的基础上，根据图上等高线判读出山头、山脊、山谷、盆地、鞍部、绝壁、冲沟、梯田等各种地貌。再根据等高距、平距和坡度的对应关系，分析地面坡度的变化、地形走势，分块概括地貌特征，以便结合具体专业要求作出恰当的评价。

三、地形分析

地形分析就是对地形基本特征的分析，包括地形的长度、宽度、线段和地段的坡度等的计算，结合水文、地质条件，进而得出建设用地的有关参考数据供使用。如图 10-1 所示，具体方法如下：

（1）按自然地形和各项建设工程对地面坡度的要求，在地形图上根据等高距和等高线平距，计算出地面坡度。地面坡度分为 2% 以下、2%～5%、5%～8%、8% 以上四类，分别用不同的符号表示在图上，同时计算出各类坡度的面积。

（2）根据自然地形画出分水线、集水线和地表面流水方向，从而确定汇水面积和考虑

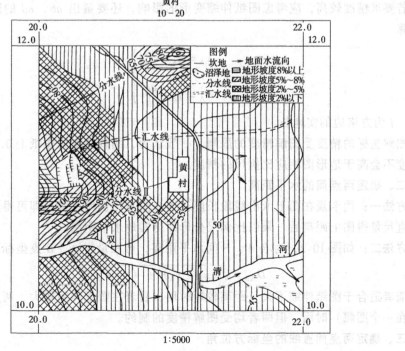

图 10-1　地形分析

排水方式。

(3) 画出冲沟、沼泽、漫滩、滑坡地段，以便结合水文和地质条件来考虑地区的适用情况。

第二节　地形图应用的基本内容

在工程建设规划设计时，往往要在地形图上求出某点的坐标和高程，确定两点之间的距离、方向和坡度，利用地形图绘制断面图等等，这就是用图的基本内容，现分述如下：

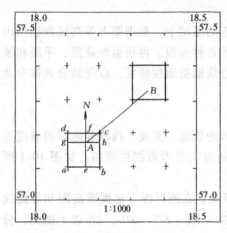

图 10-2　地形图基本应用

一、确定图上点的坐标

当需要在地形图上量测一些设计点位的坐标时，可利用地形图上的坐标格网用图解法来进行。每一幅地形图的图廓线四角，均注有图廓角点的坐标，如图 10-2 所示，图廓线西南角的坐标为 $x = 57000\text{m}$，$y = 18000\text{m}$。在图廓线范围内的格网线交点，均用十字绘于图上。若要求图 10-2 中 A 点的坐标，可将 A 点所在小方格用直线连出，即图上 $abcd$ 正方形，过 A 点作 x 轴和 y 轴的平行线，得直线 ef 和 gh，然后用直尺量出 ag、ae 的长度，设图的比例尺分母为 M，则 A 点坐标为

$$\left.\begin{array}{l} x_A = x_a + ag \cdot M \\ y_A = y_a + ae \cdot M \end{array}\right\} \quad (10-1)$$

若要求精度较高，应考虑图纸伸缩变形的影响，还要量出 ab、ad 的图上长度，按下式计算

$$\left.\begin{array}{l} x_A = x_a + \dfrac{ag}{ad} l \\ y_A = y_a + \dfrac{ae}{ab} l \end{array}\right\} \quad (10-2)$$

式中　l 为方格边的实地长。

图解坐标的精度受图解精度的限制，一般认为，图解精度为图纸上 0.1mm，故图解坐标精度不会高于地形图相应比例尺的精度。

二、确定两点间的水平距离

方法一： 用卡规在图上卡出线段长度，再与图示比例尺比量，即可得其水平距离。亦可用直尺量得图上距离后，乘以比例尺分母而得实地水平距离。

方法二： 如图 10-2，为求 A、B 间水平距离，可在量得 A、B 点坐标后，按下式计算

$$D_{AB} = \sqrt{(x_B - x_A)^2 + (y_B - y_A)^2} \quad (10-3)$$

前者适合于图纸伸缩不大且距离较短时用，后者在图纸伸缩较大、两点相距较远（甚至不在一个图幅）时用。但两者均受图解精度的制约。

三、确定两点间直线的坐标方位角

如图 10-2，欲求直线 AB 的坐标方位角 α_{AB}，有两种方法。

方法一：在直线与纵坐标线相交的任一交点处，用量角器的圆心对准交点、零刻划线对准坐标纵线北方向，AB 直线所对量角器刻划即是所求的直线 AB 与北方向的夹角。注意，应判断象限后换算成方位角。由于受量角器刻度限制和圆心对点误差的影响，此法的精度较低。

　　方法二：量测 A、B 点坐标后，按下式计算

$$\alpha_{AB} = \text{arctg} \frac{y_B - y_A}{x_B - x_A} \tag{10-4}$$

　　其象限可由坐标差的符号或在图上确定。当 A、B 不在同一图幅内时，使用第二种方法最为合适。但此法亦受坐标量测精度的限制和距离长短的影响，只能达到几分的精度。

四、确定点的高程

　　根据地形图上的等高线，可确定任一地面点的高程。如果地面点恰好位于某一等高线上，则该点的高程等于所在等高线的高程。若需确定位于相邻两等高线之间的地面点高程，如图 10-3 中 b 点的高程，应通过 b 点，作垂直于两相邻等高线的线段 mn，再依高差和平距成比例的关系按下式求得

$$H_b = H_n + \frac{nb}{mn}h \quad 或$$

$$H_b = H_m - \frac{mb}{mn}h \tag{10-5}$$

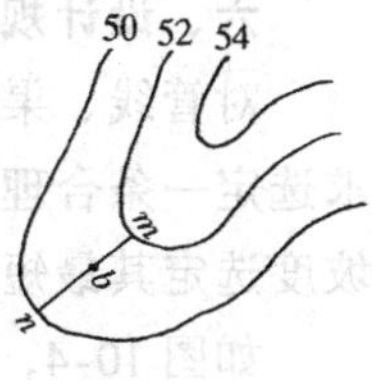

　　式中　h 为等高距，计算时可先确定线段 nb 或 mb 与线段 mn 的比例：$\frac{nb}{mn} = 0.7$ 或 $\frac{mb}{mn} = 0.3$，则 b 点高程为：

图 10-3　确定点的高程

　　　$50 + (2 \times 0.7) = 51.4\text{m}$，或：$52 - (2 \times 0.3) = 51.4\text{m}$

　　如果要确定两点间的高差，则可用上述方法先确定两点的高程后，相减即得。

五、确定两点间直线的坡度及地面坡度

　　前面关于等高线和等高距的叙述中，我们已得到关系式

$$i = \frac{h}{D} = \frac{h}{dM}$$

　　式中　i 为坡度，d 为图上量得的两点间水平距离，M 为地形图比例尺的分母。坡度可根据图上求得的两点间水平距离和高差按上式求得。注意坡度的正负号，并应化为百分率或千分率。

　　从等高线的特性可知，当等高距为一定时，等高线平距愈小，则地面坡度愈大。反之，则地面坡度小。通常所说的地面坡度，总是以该地面的最大倾斜方向为准的。因此，要求地面坡度时，选取两根等高线求高差 h，并量取这两根等高线之间的最短平距为 d，代入公式计算。如果是正规出版的国家基本图，图的下方有坡度尺，可用两脚规卡取两根或五根等高线间平距在坡度尺上直接读取坡度。使用坡度尺时，先用两脚规在地形图上量出相邻两等高线（或六根等高线）间的长度。然后将两脚规的一脚尖立在坡度尺的底线上，冉沿底线平行移动内脚规直至另一脚尖落于曲线上为止。依两脚规落在底线上的位置，即可在坡度尺上读出倾斜角（α）或坡度（i）。

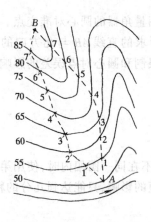

图 10-4 选定等坡路线　　　　　　　图 10-5 确定汇水范围

需要说明，用公式求得的坡度是两点间空间直线的坡度及地面的平均坡度。如果求地面坡度时等高线疏密不等，应分段求取。

六、设计规定坡度的线路

对管线、渠道、道路等工程进行初步设计时，一般要先在地形图上选线。按照技术要求选定一条合理的线路，应考虑的因素很多，这里只介绍根据地形图的等高线，按规定的坡度选定其最短线路的方法。

如图 10-4，设需在图上 A 点至山顶的 B 点选一条公路路线，已知该图等高线的等高距为 5m，地形图的比例尺为 1:10000，规定路线允许最大坡度 $i = 5\%$。则路线通过相邻等高线的平距应该是 $D = h/i = 5/5\% = 100m$。在图上的平距应为 1cm，用分规以 A 点为圆心，1cm 为半径，作圆弧交 55m 等高线于 1 或 1′。再以 1 或 1′ 为圆心，按同样的半径交 60m 等高线于 2 或 2′。同法可得一系列交点，直到 B 点。把相邻点用稍平缓圆滑的线连接，即得两条符合设计要求的路线的大致方向。然后通过实地踏勘，综合考虑选出一条较理想的公路路线。

由图可以看出，$A - 1′ - 2′ - 3′ \cdots\cdots$ 的线路之线形不如 $A - 1 - 2 - 3 \cdots\cdots$ 线路的线形好。

七、确定汇水范围

当在山谷或河流修建大坝、架设桥梁、敷设涵洞时，都要知道有多大面积的雨水汇集在这里，这个面积称汇水面积。

汇水面积的边界是根据分水线（山脊线）来确定的。如图 10-5，通过山谷，在 MN 处要修建水库的水坝，就要确定该处的汇水面积，即为由图中分水线（点划线）所围成图形 ABCDEF 的面积；再根据该地区的降雨量就可确定流经 MN 处的水流量。这是设计桥梁、涵洞及水库库容量的重要数据。

第三节　根据地形图绘制断面图

断面图是过某一直线（或曲线）的铅垂面与地面的交线，在铅垂面上按比例缩小后的地面起伏图形，就是该线所经地面的断面图（或称剖面图）。在输电线、渠道、铁路、公路等线路工程中，根据其断面图可以了解沿线地表面的起伏情况和斜坡坡度。在断面图上可以得到有关数据，并可以进行线路纵坡设计。地质断面图是矿产储量计算的基本图件。精确的断面图应在实地直接测定。如果要求不高，则可根据地形图绘制。

　　绘制断面图时，首先要确定断面图的水平比例尺和垂直比例尺。通常采用与所用地形图比例尺相同的水平比例尺；而垂直比例尺则应比水平比例尺大 10 倍或更大倍数，以便突出显示地形起伏情况。

　　如图 10-6，是在等高距为 5m 的 1:10000 比例尺地形图上，沿 AB 方向绘制的断面图。它先在地形图上过 A、B 两点画出断面线 mn。mn 与各等高线的交点为 a、b、c……r、s。其次，在一张白纸（或透明毫米方格纸）上绘一直线 PQ，并作平行于 PQ 且间隔相等的若干平行线，此即一组水平线，如图 10-6（b）所示。相邻两水平线的间隔为一个等高距，间隔的大小可依等高距和垂直比例尺而定，至于平行线的根数则依断面线上最高点与最低点的高差而定。水平线的高程注记数，其最小值和最大值应分别略低和略高于断面线上的最低点、最高点的高程，如例中为 170m 和 205m。画好水平线并注记相应高程后，再在 PQ 线上依 ma、mb……ms 的长度逐一定出断面线上 a、b……s 的相应点 a_1、b_1……s_1。如果采用透明毫米方格纸时，则可将透明纸盖在图上并使 PQ 线与断面线 mn 重合，直接将 a、b……s 各点转绘于 PQ 线上。过 PQ 线上 a_1、b_1……s_1 各点作垂直线，各垂线与相应于各点高程的水平线的交点即断面点 a'、b'……s'。然后以平滑曲线连结各断面点，即得沿 AB 方向的地面断面图。

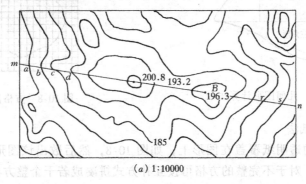

(a) 1:10000

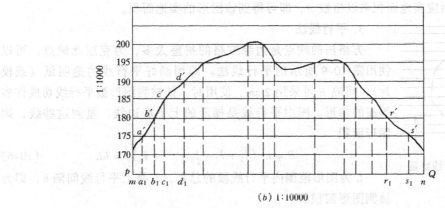

(b) 1:10000

图 10-6　断面图的绘制

　　上述绘制方法同样可用于绘制非直线形线路的断面图，不同之处在于断面线是曲线或折线，绘图时，断面线与等高线的各交点到起点的距离要沿曲线或折线量得。

第四节 图 上 面 积 计 算

工程规划设计和施工中，经常需要在地形图上作面积的计算。例如，林场面积、灌溉面积、汇水面积的计算，还有一些工程的土方计算、地质勘探的矿产储量计算等工作，都离不开面积计算问题。

在图上求面积，也就是求算实地水平投影的面积（水平面积），实地水平面积是图上面积的 M^2 倍，M 为地形图比例尺字母。其计算方法一般有下面几种。

一、图解法量算图形面积

1. 几何图形计算法

如欲求面积之图形为多边形时，可先将该图形划分成若干个三角形、矩形、梯形等几何图形（如图 10-7 所示）。然后，量取计算各几何图形面积所需之各元素；再按相应公式分别计算各几何图形的面积，取其总和即为所求。

图 10-7 几何图形计算法

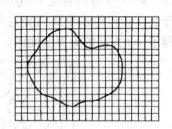

图 10-8 方格法量算面积

2. 透明方格纸法

将绘有方格的透明纸覆盖在图形上，如图 10-8，然后数出该图形所包含的整方格数和不完整方格数，对于不完整的方格可按互补方式拼凑成若干个整方格数，求得总方格数 n，再按每格相应实地面积乘以格数 n，即可得到该图形的实地面积。

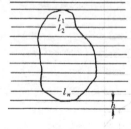

图 10-9 平行线法量
算面积

3. 平行线法

方格法的缺点是边缘方格的拼整太多，为克服此缺点，可以使用图 10-9 所示的平行线法。即用画好平行线的透明纸（或模片），间隔 h 可采用 2mm。使用时，使被测图形被平行线切成许多等高的梯形。图中平行线是梯形的上下底边线，量测这些线，则图形面积

$$P = h \, (l_1 + l_2 + l_3 + \cdots + l_n) = hL \qquad (10\text{-}6)$$

L 为图形范围内平行线段的总和，L 乘上平行线间隔 h，即为被测图形面积。

二、按坐标解析计算法

因为面积图形无论边界是曲线还是折线，折线图形有多边形顶点，曲线图形亦可以用若干点连成的折线图形代替，只是点取得多的折线图形更为接近于曲线图形。此法应首先

在图上量取图形各顶点的坐标，且将这些点按顺时针顺序编号，设各点的坐标分别为 x_i、y_i（$i=1、2、3\cdots n$）则多边形面积 P 为

$$P = \frac{1}{2} \sum_1^n y_i(x_{i-1} - x_{i+1}) \tag{10-7}$$

或

$$P = \frac{1}{2} \sum_1^n x_i(y_{i+1} - y_{i-1}) \tag{10-8}$$

因为是闭合图形，所以第 $n+1$ 点即为 1 号点。亦即在式（10-7）、（10-8）中，当 $i-1=0$ 时，点号即为 n。$i+1=n+1$ 时，点号即为 1。

式（10-7）和式（10-8），两者可互为计算检核式。若编号为逆时针，计算结果数值不变，仅是符号变为负。

此法对于实测坐标的图形，面积计算精度可靠，而且公式有规律更适合编程计算。

三、求积仪法

求积仪是一种测定图形面积的仪器。它的优点是能用来测定任意形状的图形面积，故得到广泛应用。求积仪分机械和电子两大类。用求积仪测面积，其精度和图纸、图板的平整度、求积仪的质量和校正情况、作业时的细心程度、被测图形的形状等因素有关。实验指出，一般定极求积仪测面积的误差为 $0.03\sqrt{P}$，P 为图上被测图形面积，以 cm^2 为单位。若 $P=150cm^2$，则误差为 $0.37cm^2$，相对误差为 $\frac{1}{400}$。而图解的几种方法精度一般在 $\frac{1}{100}$ 左右。

因篇幅有限，关于使用方法可参照求积仪的说明书，这里就不再赘述。

第五节 地形图在平整土地中的应用

在建筑、水利、农田等基本建设中，均需要进行土地平整工作。有了地形图，就可以在图上进行土地整理的设计工作，预先进行土石方工程量的估算，比较不同的整理方案，从而选出既合理又省工的最优方案。下面介绍常用的三种计算土方量的方法。

一、方格法

此法适用于地形起伏不大或地形变化比较规律的地区。如图 10-10 是待平整的一块坡地，图的比例尺为 1:1000，等高距是 0.5m，要求在划定范围内平整为同一高程的平地，同时满足填挖方平衡的条件。

（一）打方格、求方格点地面高程

在拟平整的土地范围内打上方格，方格边长取决于地形变化和土方估算的精度要求，如取 10m、20m、50m 等，给予编号。然后根据等高线内插求出各方格顶点的地面高程，注于相应点右上方。

（二）计算设计高程

先把每一方格四个顶点的高程加起来除以 4，得到每一方格的平均高程，再把各个方格的平均高程加起来除以方格格数，即得设计高程。由分析设计高程的计算可以看出，角点 A1、A4、B5、E1、E5 的高程用到一次，边点 B1、C1、D1、E2、E3、E4……的高程用到两次，拐点 B4 的高程用到三次，中点 B2、B3、C2、C3、C4……的高程用到四

次，因此设计高程的计算公式可写成

$$H_设 = (\Sigma H_角 \times 1 + \Sigma H_边 \times 2 + \Sigma H_拐 \times 3 + \Sigma H_中 \times 4)/4n \qquad (10\text{-}9)$$

式中　$\Sigma H_角$、$\Sigma H_边$、$\Sigma H_拐$、$\Sigma H_中$——分别为角点、边点、拐点、中点的地面高程之和；

　　　　n——方格总数。

将图 10-10 数据代入上式计算求得设计高程为 64.84m，可以按内插法绘出 64.84m 等高线（图中用虚线表示），它就是不填不挖的位置。如果把它在地面上桩定出来，就是填、挖土方的分界线，通常称为零线。

（三）计算方格顶点填、挖高度

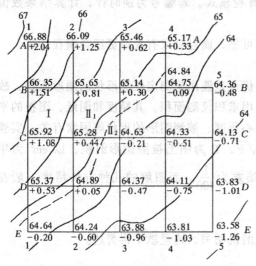

图 10-10　方格法计算土方

有了设计高程，就可以计算每个方格顶点的填挖高度

$$h = H_地 - H_设 \qquad (10\text{-}10)$$

正数为挖深，负数为填高。填挖高度注于相应方格顶点下方。

（四）计算填、挖土方量

填挖土方量要按下式分别计算

$$\left.\begin{array}{l} V_角 = h_角 \times \dfrac{1}{4} P_格 \\[2mm] V_边 = h_边 \times \dfrac{2}{4} P_格 \\[2mm] V_拐 = h_拐 \times \dfrac{3}{4} P_格 \\[2mm] V_中 = h_中 \times P_格 \end{array}\right\} \qquad (10\text{-}11)$$

式中　V 为土方量，h 为填、挖高度，$P_格$ 为方格的实地面积。最后再分别计算填方量总和与挖方量总和，两者应基本相等。

二、断面法

在地形变化较大的地区，为了排水需要，往往将场地设计成有一定坡度的倾斜地，这时可用断面法来估算土方。

（一）确定填挖分界

在图 10-11 中，$AA'B'B$ 是计划在山梁上拟平整场地的边线。设计要求：AA' 边平整后的设计高程为 67m；场地向南倾斜，坡度为 -5%，该图比例尺为 1:1000，等高距为 1m，根据设计斜面的坡度，先计算出等高距为 1m 时的斜面等高线平距 d 为 2cm，在图上作 AA' 的平行线，平行线间距为 2cm，分别为 1－1'、2－2'…（如图 10-11），其相应高程分别为 66m、65m、64m…这些就是场地设计等高线。

设计等高线与同高之原地面等高线的交点

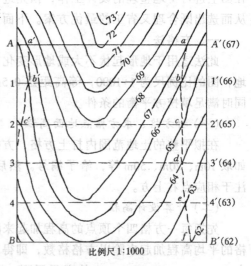

图 10-11　倾斜场地设计等高线及填挖分界线

就是不填不挖点，将这些点用虚线连出，此线即是填挖分界线（见图 10-11）。由于此场地原是一山脊，故虚线两侧为填方，中间为挖方。

（二）估算土方量

1．绘断面图

根据各设计等高线和图上原有等高线，就可以用设计等高线高度为高程起点来绘制断面图。如图 10-12 所示，水平横线为设计等高线，其高程分别为 67m、66m，此线以上由原地形线围起的范围是挖方面积，两边位于设计等高线以下的两块图形为填方面积。分别用 "+" 表示挖方，"–" 表示填方。

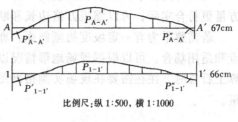

图 10-12 断面图

2．在断面图上量算出每个断面的填、挖方面积

量算时应逐个断面分开计算，且填、挖方亦应分开。

3．计算各相邻断面间的填挖土方量

该土方量可以近似地按柱状体积计算，即两个相邻断面填（挖）面积取平均值再乘以它们之间的距离，就是该段的填（挖）土方量。

如图 10-12，$A - A'$ 与 $1 - 1'$ 之间的土方量（填挖分开）计算如下：

$A - A'$ 断面和 $1 - 1'$ 断面间的挖方为

$$V_{A-1} = \frac{P_{A-A'} + P_{1-1'}}{2} \times l \tag{10-12}$$

填方为

$$\left.\begin{array}{l} V'_{A-1} = \dfrac{P'_{A-A'} + P'_{1-1'}}{2} \times l \\[2mm] V''_{A-1} = \dfrac{P''_{A-A'} + P''_{1-1'}}{2} \times l \end{array}\right\} \tag{10-13}$$

式中　P——断面处的挖方面积；

P'、P''——断面处的填方面积；

l——两相邻横断面间的间距（本例为 20m）。

同法可计算其他相邻断面间的土方量。最后汇总算出 $AA'B'B$ 场地的总挖方量和总填方量。

这种方法亦可用于线路设计中的土方计算。注意用此法计算土方量时，要考虑相邻断面地形变化不大，即断面形状相似。

三、等高线法

当地面高低起伏较大且变化较多时，可以采用等高线法。此法是先在地形图上求出各条等高线所围起的面积，乘上等高距，得各等高线间的土方量，再求总和，即为场地内最低等高线 H_0 以上的总土方量 $V_总$。如要整平为一水平面的场地，其设计高程 $H_设$ 可按下式计算：

$$H_设 = H_0 + \frac{V_总}{P} \tag{10-14}$$

式中　H_0——场地内的最低高程，一般不在某一根等高线上，需根据相邻等高线内插出；

　　　$V_{总}$——场地内最低高程 H_0 以上的总土方量；

　　　P——场地总面积，由场地外轮廓线决定。

当设计高程求出以后，后续的计算工作可按方格法、断面法进行。为使计算得到的土方量更符合实际，可以缩短方格边长和断面间距。

若需整平为有一定坡度的倾斜面，亦可参照上述方法进行。上述三种方法各有其优缺点和适用场合，可以根据现场地形情况以及任务要求选用。当实际工程要求以更高精度估算土石方时，往往需要在现场实测格网图、断面图或更大比例尺地形图，然后计算土石方量。

习　题

1. 图 10-13 为 1:2000 比例尺地形图（实际比例已缩小），方格边长为实地 30m，现要求在图示方格范围内平整为水平场地。

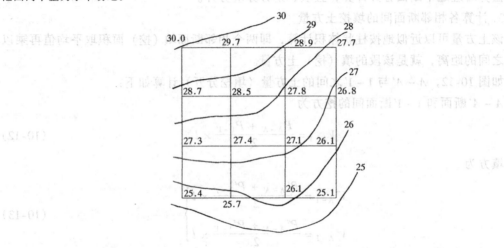

图 10-13

(1) 根据填挖方平衡原则计算该场地设计高程；

(2) 在图中绘出填挖边界线；

(3) 计算填挖土方量。

2. 图 10-14 的比例尺原为 1:2000（实际比例因版面原因已缩小到 1:3000 左右），等高距为 1m，试根据本图进行下列计算。

(1) 量出 C 点和 D 点的高程，并确定 DC 的地面坡度。

(2) 按 5% 的坡度要求自 A 点向导线点 61 选定线路。

(3) 绘制 MN 方向的断面图（断面水平比例尺 1:2000，高程比例尺 1:200）。

(4) 量出图根点 61 和三角点 08 的坐标，并计算两点间的水平距离和方位角。

(5) 绘出水坝轴线 AB 的汇水范围，并计算出汇水面积（单位分别取平方米、公顷、亩）。

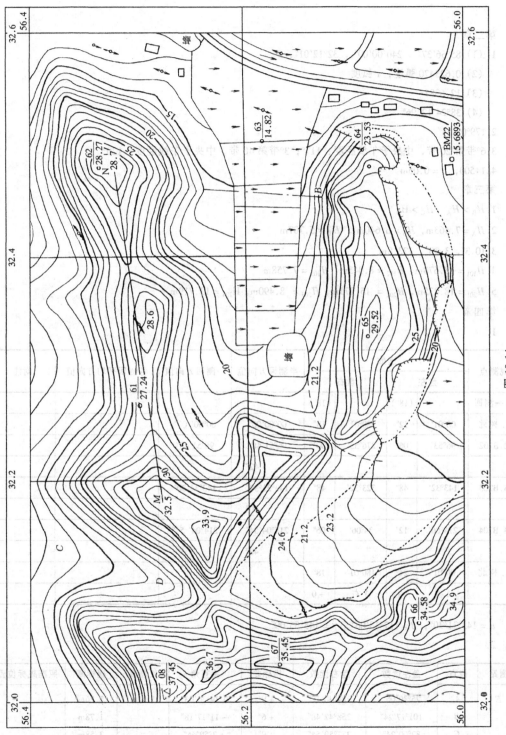

图 10-14

习 题 答 案

第二章

1. (1) 85°56′37″, 240°00′00″, 32°12′01″, 3″

(2) 0.623470 弧度, 1 弧度

(3) 12.6381°

(4) 38°24′12.96″

2. 179°02′58″

3. 6°带第 20 带, 中央子午线经度: 117°; 3°带第 40 带, 中央子午线经度: 120°

4. 1:500, $\delta = 0.05m$

第三章

1. $H_B > H_A$ $H_C > H_D$

2. $H_A = 7.463m$, $H_B = 6.640m$, $H_D = 5.707m$

3. 10.3″, 3.33″, 123.8m

4. $H_{101} = 13.670m$, $H_{102} = 8.045m$, $H_{103} = 7.758m$

5. $H_{201} = 18.235m$, $H_{202} = 15.271m$, $H_{203} = 8.490m$, $H_{204} = 13.719m$

第四章

1.

观测点	读数				半测回方向值	一测回方向值	各测回平均方向值	附注
	盘左		盘右					
第一测回		(18″)		(18″)				
1. 树北	00°01′	12″	180°01′	18″	00°00′00″	00°00′00″		
2. B202	96°53′	06″	276°53′	00″	96°51′48″	96°51′45″		
						42″		
3. B203	143°32′	48″	323°32′	48″	143°31′30″	143°31′30″		
						30″		
4. B204	214°06′	12″	34°06′	06″	214°04′54″	214°04′51″		
						48″		
1. 树北	00°01′	24″	180°01′	18″				
	△ 左	+12	△ 右	+0				

$\alpha = 143°31′30″$, $\beta = 117°13′06″$, $\gamma = 145°55′09″$

2.

测站	觇点	盘左读数	盘右读数	指标差	垂直角	仪器高	觇标高	照准觇标位置
E	A	75°30′06″	284°30′12″	+9″	+14°30′03″	1.35m	2.26m	
	B	101°17′24″	258°42′48″	+6″	−11°17′18″		1.78m	
	C	82°00′24″	277°59′54″	+9″	+7°59′45″		3.58m	

第五章

1   102.29m

2   100.03m

3   1/4058, 324.64m

4   $30 + 0.005 + 30 \times 1.25 \times 10 - 5$（$t - 20$）（单位：m）

5   $30 + 0.013 + 30 \times 1.25 \times 10 - 5$（$t - 20$）（单位：m）

6   120.066m

7   0.2m, 0.006m

第六章

6.1 $m = \pm 0.97$ $m = \pm 0.90$ 第二组比第一组精度高

6.2 $m_\beta = \pm 17''$

6.3 $m_l = \pm 1.41 t$

6.4 $m_\Delta = \pm 1.41 \mu \sqrt{d}$

6.5 $m_\beta = \pm 2.89''$ $m_方 = \pm 2.04''$

6.6 $m_\beta = \pm 2.83mm$

6.7 $m_{hkm} = \pm 12.65mm$ $mh_{AB} = \pm 35.78mm$ $m_限 = \pm 71.55mm$

6.8 $m_{中数} = m$

6.9 $L_中 = 85°42'02.2''$ $m_\beta = \pm 5.55''$ $M = \pm 1.76''$

6.10 $p_方 = 2$ $p_W = 1/3$

6.11 $\mu = 6.93''$

6.12 $H_p = 16.297m$ $M = \pm 2.68mm$

第七章

7.1   (1) $\Delta x_{AB} = -283.41$ $\Delta y_{AB} = -121.75$

(2) $x_n = 4136.68$ $y_n = 7620.24$

(3) $x_B = 357479.00$ $y_B = 632715.61$

7.2   (1) $\alpha_{AB} = 291°45'36''$ $S_{AB} = 926.82m$

(2) $\beta = 307°47'01''$

7.3 $f_\beta = 96''$ $f_x = -0.05m$ $f_y = -0.42m$ $f_s = 1/405$

点号	x（m）	y（m）
1	640.91	1068.44
2	843.38	1262.28
3	793.59	1399.17
4	589.94	1307.86
5	410.14	1354.34
6	288.07	1247.46
7	292.52	1057.38

7.4 $f_\beta = -11''$ $f_x = +0.08m$ $f_y = -0.12m$ $f_s = 1/9100$

点号	x（m）	y（m）
1	15353.15	86895.10
2	15174.54	86828.12
3	15002.60	86779.22
4	14940.44	86672.84
5	14888.53	86541.97
6	14858.96	86379.60

7	14825.95	86240.30

7.5 $X_Q = 5158.64$ $Y_Q = 7100.14$

7.6 $X_{N_1} = 58129.67$ $Y_{N_1} = 44606.20$

7.7 $X_{128} = 980.81$ $Y_{128} = 85216.86$

7.8 $X_{P1} = 6532.51m$ $Y_{P1} = 3803.92m$

$X_{P2} = 6265.30m$ $Y_{P2} = 3823.07m$

$X_{P3} = 6316.63m$ $Y_{P3} = 3485.65m$

7.9 $X_P = 6251.71m$ $Y_P = 2498.74m$

7.10 结边 3 – 7   259°21′14″

结点 $x = 11127.733m$ $y = 8353.324m$

点号	x（m）	y（m）
1	11547.12	8414.92
2	11351.65	8402.96
4	11067.44	8430.79
5	11147.02	7876.24
6	11101.95	8017.57
7	11093.06	8168.80

第八章

1. $K50$ H 177049

2. 西北角点：$L = 110°18′45″ B = 42°30′$，东北角点：$L = 110°22′30″ B = 42°30′$，东南角点：$L = 110°22′30″ B = 42°27′30″$，西南角点：$L = 110°18′45″ B = 42°27′30″$

3. 1 号点：平距 54.6m，高程 22.12m

2 号点：平距 93.0m，高程 41.02m

3 号点：平距 32.3m，高程 13.88m

4 号点：平距 67.5m，高程 14.36m

第九章（无）

第十章

1. （1）H 设 27.5m，（3）挖方 3937m³ 填方 3937m³

2. （1）$H_D = 21.7m$，$H_C = 18.6m$，$i_{DC} = 0.32\%$

（2）图上等高线平距为 $d = 20m/M$

（3）$x_{61} = 56297.4m$，$y_{61} = 32267.1m$，$x_{08} = 56275.1m$，$y_{08} = 32011.4m$，$D_{61-08} = 256.7m$，$\alpha_{08-61} = 85°01′$

（4）汇水面积 $P = 55729m^2 = 5.6ha = 83.6$ 亩

参 考 文 献

1. 李金如等．地形测量学．北京：地质出版社，1993
2. 武汉测绘科技大学．测量学．北京：中国测绘出版社，2000
3. 同济大学．测量学．北京：中国建筑工业出版社，1995

参考文献

1. 李全信等. 地形测量学. 北京：地震出版社，1993
2. 武汉测绘科技大学. 测量学. 北京：中国测绘出版社，2000
3. 同济大学. 测量学. 北京：中国建筑工业出版社，1995